Kommentare zu diesem Buch ...

„Ein Schlag in die Magengrube von einem Burschen, der schon auf dem Ringboden lag und wieder an die Spitze zurückgekehrt ist. RADIKALE WIEDERGEBURT ist eine zusammenhängende, ernsthafte Philosophie – und so intensiv wie Dynamit! Ein Aufschrei aus tiefstem Herzen, eine ungeschönte Ansage, die mich einige Annahmen überdenken ließ, die ich seit langem liebgewonnen hatte."

– Steven Pressfield
Autor von Die Legende von Bagger Vance, Sparta und The War of Art

„Verdammt, ich liebe dieses Buch! Randy ist ein Vordenker, der wirklich nachdenkt. Genauso, wie in deiner Klimaanlage ein verschmutzter Luftfilter die Qualität deiner Atemluft beeinflusst, behindert ein verschmutzter Lebensfilter die Qualität deines Lebens. Randy zeigt dir, wie du den Filter wechselst!"

– Larry Winget
sechsfacher New York Times/Wall Street Journal Bestsellerautor von Halt den Mund, hör auf zu heulen & lebe endlich; Goodbye Pleite, Hello Luxus, Get a Life und weiteren

„Radikale Wiedergeburt ist so wie der Autor selbst: frech, anregend und nicht nur ein wenig provokativ. Aber wenn du jemals das Gefühl hattest, die falsche Abzweigung genommen zu haben oder nach einer Chance gesucht hast, dein Leben von Neuem zu starten, dann ist dieses Buch für dich gemacht."

– Dr. Nido R. Qubein
Präsident der High Point University

„Ja, das ‚Verrückte Genie' hat es erneut getan. Was du aus den Lektionen dieser Seiten mitnehmen wirst, ist WIE (nicht WAS) du denken solltest, um viel produktiver zu werden. Das Buch stellt einen nachvollziehbaren Reiseplan zu einem Leben voll Glück, Erfolg und Überfluss dar. Sagen wir es so: Wenn die Bücher von Ayn Rand und Matt Ridley ein Kind hätten, dann wäre es dieses Buch geworden, das du jetzt in deinen Händen hältst. In anderen Worten: Es enthielte die Themen logisches Denken, das Überprüfen langgehegter Glaubensmuster und sogar eine ganze Menge Dinge, denen du immer noch widersprichst. Und das ist gut so."

– Bob Burg
Koautor der Go-Giver-Buchreihe

„Dieses Buch ist nichts für Zartbesaitete! Ich habe seit Langem kein solch provokatives Werk mehr gelesen und das ist mein größtes Lob. In Randys Buch geht es nicht um die richtigen Antworten, sondern darum, die bestmöglichen Fragen zu stellen. Nicht, um dir bei der Erkenntnis zu helfen, wer du bist, sondern wer du wirklich sein willst."

– Mark Sanborn
Autor von The Potential Principle und The Intention Imperative

„Jedes Mal, wenn ich denke, dass ich richtig gut bin und ein ganz großes Rad drehe, kommt Randy Gage mit einem neuen Buch daher. Meine Realität ist, dass ich es nicht unterlassen kann Randy Gages neuestes Buch zu lesen. Und jedes Mal, wenn ich es tue, wird mir klar, dass ich gar kein so großes Rad drehe. Denn egal, wie viel ich auch erreiche – Randy erinnert mich daran, dass ich mehr erleben und sein kann. Randy hinterlässt mich jedes Mal mit einem solchen Unwohlsein über mich selbst. Was dazu führt, dass ich es nicht unterlassen kann, auch sein nächstes Buch zu lesen."

– Joe Kalloway
Autor von Becoming a Category of One

„Randy Gage hat ein weiteres umwerfendes Buch geschrieben. Egal, ob du ihm zustimmst oder nicht – und ich tue regelmäßig beides – wird er deinen Verstand bis an seine Grenzen ausloten und deine allgemeinen Überzeugungen in Frage stellen – damit Du all das werden kannst, was du sein willst."

– Chris Widener
Autor von Lasting Impact: Creating a Life and Business That Lives Beyond You

„Es gibt viele Faktoren, die uns zu dem machen, was wir heute sind; aber wo steht geschrieben, dass wir demselben vorgezeichneten Weg folgen müssen? Als Erwachsene ebnen wir unseren eigenen Weg, aber manchmal müssen wir uns von Mustern befreien, die schon früh in unsere Gehirne einprogrammiert wurden. Und wir müssen eine Bestandsaufnahme unserer Entscheidungen vornehmen. Randys Buch liefert das richtige ‚Antivirus-Programm', um die Fehlprogrammierungen zu stoppen, die uns einschränken. Lies das Buch, sei mutig, wage den Sprung und erlebe die radikale Wiedergeburt."

– Jeffrey Hayzlet
TV- & Podcast-Moderator, Redner, Autor und Teilzeit-Cowboy

„Mit schadenfroher Präzision ignoriert Randy Gage ERNEUT alle Regeln. ‚Radikale Wiedergeburt' stürzt dich in eine Gedankenreise, die jeden einzelnen deiner Glaubenssätze in Frage stellt. Vom Beenden des Burnouts über das Verlangen nach Bedeutung bis hin zum Einfordern von Selbstvergebung – Randy nimmt dich mit auf eine interessante und oft verrückte Suche, um vom unbewussten zum bewussten Denken zu wechseln. Schnalle dich an und begib dich auf eine wahnsinnig kluge und verblüffende Reise."

– Dr. Shawne Duperon

„Du magst seinen Antworten nicht zustimmen, aber du kannst es dir nicht leisten, seine Lebensfragen zu ignorieren. In diesem Buch wird Randy Gage dich herausfordern und gleichzeitig ermutigen."

– Barry Banther
Autor von A Leader's Gift – How to Earn the Right to be Followed

„Radikale Wiedergeburt hat mein Denken so sehr angestrengt, dass es wehtat. Sei bereit, alles in Frage zu stellen und dich von deiner selbstzufriedenen Mittelmäßigkeit ohrfeigen zu lassen. Es wird dir helfen, besser zu werden."

– Randy Pennington
Autor von Make Change Work und Results Rule!

„Nach 45 Jahren des Sprechens und Schreibens habe ich aufgehört, das zu tun, was ich kannte, und angefangen, unbekannte Dinge zu tun ..., was viel schwieriger ist. Die Sicherheit meiner Bühne war plötzlich weg. Wenn das geschieht und du entblößt bist, hörst und verstehst du die harten Dinge anders und klarer. Vor allem während einer Wiedergeburt. Für mich ist es das perfekte Buch zum genau richtigen Zeitpunkt – danke, Randy."

– Ian Percy
Gründer des Corrgenta Coding System LLC und der Senior Wellness Research Foundation

„Ein unmissverständlicher Aufruf zum Handeln, um sich für Freiheit, Wohlstand und Überfluss neu zu erfinden? Abgehakt. Eine kraftvolle Geschichte, um zu heilen und zu vergeben? Auf jeden Fall. Ein Weckruf in der Tradition Randys anderer Bücher, für kritisches Denken, für ein Ende der Opferrolle und um deinen Geist vom Mangeldenken zu befreien? Worauf du wetten kannst."

– Curt Mercadante
Bestsellerautor von Five Pillars of the Freedom Lifestyle

„Randy Gage schreibt immer mit Leidenschaft, Weitsicht und großer Klarheit. Mit Radikale Wiedergeburt hat er sich selbst übertroffen. Es ist ein Aufruf gegen alles im Leben, das dich kleinhält, in Furcht erstarren lässt und dich an eine Vergangenheit des Selbsthasses fesseln will. Warnung: Kauf dieses Buch nicht, wenn du nicht von dem tiefsten Hunger nach einer vollständigen Lebensänderung erfüllt bist."

– Louis Di Bianco
Preisnominierter Schauspieler, Coach und Unternehmer

Radikale Wiedergeburt

Beerdige dein früheres Ich und
erschaffe ein neues Leben!

New York Times Bestsellerautor

Randy Gage

Published by Prime Concepts Group Press

Original title: Radical Rebirth – Kill off the old You and create a New Life

This translation published by arrangement with Columbine Communications & Publications, Walnut Creek, California USA, www.columbinecommunications.com

Herausgegeben von Prime Concepts Group Press

Originaltitel: Radical Rebirth – Beerdige dein früheres Ich und erschaffe ein neues Leben!

Diese Übersetzung wurde in Absprache mit Columbine Communications & Publications, Walnut Creek, California USA, www.columbinecommunications.com, veröffentlicht.

Herausgegeben von:

Life Success Media GmbH, 6020 Innsbruck, Austria

ISBN 978-3-903410-02-2

Gedruckt in der Europäischen Union

Inhalt

Einleitung

„Du gehörst nicht hierher. Du bist zu großen Dingen fähig."

ICH WAR EINES TAGES in meiner weißen Jeans auf dem Weg zur Schule, als meine Mutter mich musterte und sagte: „Nach dem Labor Day kannst du kein Weiß mehr tragen." Als ich wissen wollte, woher dieser unumstößliche Erlass käme, hatte meine arme, verwirrte Mutter keine Antwort parat. Die Menschen im Mittleren Westen halten sich einfach an solche Gewohnheiten und Bräuche; niemand fragt jemals nach dem Warum.

So wie auch ich hattest du ebenfalls prägende Erfahrungen: Ein bestimmtes Umfeld, in dem du aufgewachsen bist und Hunderte, wenn nicht Tausende, von hirnlosen Bedingungen und grundlegenden Glaubenssätzen, mit denen du programmiert wurdest. All diese Dinge führten dich in eine bestimmte Richtung, auf den Weg zu der Art Leben, das dir zu führen bestimmt war.

Zumindest solange, bis du dich dazu entscheidest, dass dieses Leben nicht dein Leben sein soll.

Man sagt, dass du, bevor du deinem Leben erklärst, was du mit ihm vorhast, erst einmal hören solltest, was dein Leben mit dir vorhat. Das ist wahrscheinlich kein schlechter Ratschlag – sich erst einmal zu vergewissern, auf welchen Weg man gelenkt wird. Aber es ist in der Regel keine gute Idee, diesen Weg blindlings zu akzeptieren, ohne ein wenig (oder eine Menge) Selbstbeobachtung zu betreiben.

Es gibt viele Menschen und äußere Umstände, die den möglichen Weg dieses Lebens beeinflussen: Deine Religion oder das Fehlen einer solchen, dein Geburtsort, deine ethnische Zugehörigkeit, welche politische Partei deine Gegend dominiert, wie glücklich oder unglücklich deine Eltern sind, welche Schulen du besuchst und buchstäblich Hunderte anderer Faktoren. Viele dieser Einflüsse sind nicht dazu gedacht, deinem höchsten Wohl zu dienen. Und eine ganze Reihe dieser Einflüsse sind sogar hochgradig schädlich.

In meinem Fall war der Weg klar vorgezeichnet. Ich würde Muschelsuppe beim freitagabendlichen Büffet verspeisen, bei General Motors im Werk in Janesville, Wisconsin, am Fließband arbeiten und ein Fan der Green Bay Packers werden. Leider hasse ich Muscheln. Und ich hasse sinnlose, sich wiederholende Tätigkeiten und hässliche Uniformen. (Ganz zu schweigen davon, dass ich kaltes Wetter verabscheue.)

Meine prägenden Jahre fielen in die Zeit der Antikriegsbewegung, der Unruhen in Amerika und der Nachwirkungen von Woodstock. Ich konnte nicht einfach vergessen, dass ich das alles miterlebt hatte, und tauchte in das Leben im Mittleren Westen ein, wo ich einmal pro Woche bowlen ging, Bier der Marke Pabst Blue Ribbon trank und die Wassershow von Tommy Bartlett im Städtchen Wisconsin Dells besuchte. Als ich 15 Jahre alt wurde, befand ich mich im 100%igen

Rebellionsmodus. Ich wurde zu einem jugendlichen Alkoholiker und Drogensüchtigen, fühlte mich hilflos und pleite und war wütend auf die Welt, weil sie mich unterdrückt hielt. Ich war in das Konzept des Sozialismus verliebt und beschloss, die Umverteilung persönlich umzusetzen, indem ich eine Reihe von Einbrüchen und bewaffneten Raubüberfällen beging. Wie zu erwarten war, endete dieser Karriereschritt nicht gut, und ich fand mich bald im Gefängnis wieder, wo ich auf meinen Prozess wartete.

Eines Tages hörte ich unerwartet das Geräusch rasselnder Schlüssel und dann das Drehen des Zapfens in der Zellentür. Herein kam ein blonder Fremder. Er stellte sich als Baxter Richardson vor, Lehrer und der Vater der Freundin meines besten Freundes. Seine Tochter hatte ihn angefleht, mich im Gefängnis zu besuchen, um zu sehen, ob er mir helfen könne. Es fiel mir schwer, die Botschaft zu glauben, die er überbringen wollte. Diese Botschaft lautete:

„Du gehörst nicht hierher. Du bist zu großen Dingen fähig."

Als er diese Worte zu mir sagte, dachte ich, er hätte Wahnvorstellungen. Ich dachte, wenn er mehr über mich wüsste, wäre ihm klar, dass ich eine verlorene, gestörte Seele war, ein Mensch, der die Angewohnheit hatte, sehr schlechte Entscheidungen zu treffen. Aber das war nicht der Teenager, den er vor sich sah ...

Baxter sagte: „Ich habe mit deinen Lehrern gesprochen. Sie sagten mir, dass du wochenlang den Unterricht schwänzt, dann einfach auftauchst und die Klassenarbeiten trotzdem mit Bravour bestehst. Deine Verständnisfähigkeiten liegen auf Universitäts-Niveau.

Du gehörst nicht hierher. Du bist zu großen Dingen fähig."

Das Lustige ist: Ich wollte ihm unbedingt glauben ... und das tat ich auch. Und weil ich ihm glaubte, ... war das, was er sagte, die Wahrheit.

Hast du wirklich verstanden, was ich gerade gesagt habe? Und ist dir klar, dass, wenn ich das Gegenteil geglaubt hätte – daran, dass ich ein wertloser Versager, fern jeglicher Erlösung wäre – dass dies stattdessen wahrgeworden wäre? Denke darüber nach, was das für dich bedeuten kann ... der Lebensweg, der dir vorgegeben wird, im Gegensatz zu dem Lebensweg, für den du dich letztendlich entscheidest.

Mit der Hilfe vieler Menschen – Baxter, meinem Pflichtverteidiger und anderen, die an mich glaubten – wurde ich auf Bewährung entlassen und bekam eine neue Chance. Und genau darum geht es in diesem Buch. Es ist eine Auflistung der Dinge, die dazu beitragen, wie man sich zu Wehr setzt und wie man sein altes Ich zu Grabe trägt. Darüber, wie man loslässt, was einem nicht mehr dient, und wie man sich zu der Person entwickelt, die man werden soll.

Ich nahm eine Arbeitsstelle an und verpflichtete mich dem Ziel, durch harte Arbeit und integres Handeln wohlhabend zu werden. Dann, im Alter von 17 Jahren, packte ich alles, was in meinen 71er Plymouth passte und fuhr nach Miami. Ich hatte keine Bleibe, geschweige denn eine Arbeit und kannte dort keinen einzigen Menschen. Aber ich hatte ungefähr 350 Dollar und den Traum, irgendwo zu leben, wo keine eisigen Winde bei 30 Grad unter Null wehten. Ich tauschte massive

Schneestürme gegen Palmen, Ribeye-Steaks in der Jagdhütte gegen Hähnchenrisotto am South Beach und eine gefütterte Jacke von The North Face gegen einen Leinenanzug von Hugo Boss. Statt Motoren in Chevrolet Impalas einzubauen, wählte ich einen Weg, der letztendlich dazu führte, dass ich diese Worte an dich schreiben kann.

Aber es gab nicht nur tropische Früchte, sanfte Brisen und kühle Getränke aus Kokosnüssen ...

Ich wohnte zwei Monate lang in einem kakerlakenverseuchten Prostituiertenhotel am Biscayne Boulevard, bis ich eine Arbeit fand und genug Geld gespart hatte, um die Kaution für eine Wohnung zu hinterlegen. In Miami machte ich meine ersten Erfahrungen mit Wirbelstürmen und tropischer Luftfeuchtigkeit. Und ich wurde von einem Cracksüchtigen angeschossen. Doch ich glaube, dass die Entscheidung, mit 17 Jahren neu anzufangen, den bahnbrechenden Moment in meinem Leben darstellte: den Moment, in dem ich aufhörte, mein Leben einfach nur zu tolerieren. Und der Moment, in dem ich damit begann, es aktiv selbst zu gestalten.

Spirituelle Legenden erzählen uns vom „Ashim“. Obwohl dieser Begriff in zahlreichen Traditionen und Sprachen erwähnt wird, haben alle Definitionen von Ashim einen ähnlichen Hintergrund: Ein endloses, grenzenloses Wesen – etwas, das Einschränkungen infrage stellt, um sich auf eine Reise ständigen persönlichen Wachstums und stetiger Weiterentwicklung zu begeben. Wenn du dich entscheidest, den Weg des Asims einzuschlagen, entscheidest du dich nicht so sehr für das Studieren und das Lernen, sondern für die Suche und die Selbstentfaltung. Das ist es, was wir in diesem Buch gemeinsam erforschen werden: Wie du deine angeborenen Gaben entfesseln kannst – das in dir wohnende verrückte Genie, das nur dir zu eigen ist. Obwohl du in vielen Religionen Hinweise zum Ashim entdecken wirst, ist das, was ich dir mitteilen werde, so anti-religiös wie nur möglich. Das dahinterstehende Ziel ist sehr praktisch und greifbar:

Zur bestmöglichen Version deiner selbst zu werden.

Du wirst nicht erfolgreich und führst ein wohlhabendes Leben, weil du keinen Herausforderungen gegenüberstehst. Oder weil du mit weniger Herausforderungen konfrontiert wirst als die meisten anderen Menschen. Erfolgreich wirst du, indem du ständig neue und immer größer werdende Herausforderungen suchst – und dich dann der schwierigen Arbeit des Ausprobierens, Wachsens und der Selbstentwicklung hingibst, um diese Hürden nacheinander zu überwinden.

Das bedeutet, diejenigen Gedanken zu erforschen, von denen du dich beeinflussen lassen hast (ob bewusst oder unbewusst). Die Glaubenssätze zu überprüfen, deren Entstehung du zugelassen hast. Und die Ergebnisse zu hinterfragen, die durch dein Festhalten an diesen Glaubenssätzen entstanden sind. Diese Selbstbeobachtung und das begleitende kritische Denken sind eine wichtige Arbeit. Denn sie machen es für dich möglich, dir dessen bewusst zu werden, was wirklich vor sich geht. So, dass du diesen Vorgang dann auf achtsame Weise in eine positive Richtung lenken kannst. Das ist die Vorgehensweise, die eine radikale Wiedergeburt erschafft. Du kannst kein dauerhaftes und sinnvolles Lebensglück erfahren, wenn du nicht bereit bist, dich ständig neu zu erfinden. Diese Neuerfindung beginnt immer damit, dass du dich selbst herausforderst.

Wenn du diese Entscheidung triffst, wird dir wirklich klar, wie bedeutungslos Black-Friday-Ausverkäufe, Instagram-Likes, Eilmeldungen, montägliche Fußballdiskussionen, bissige Tweets und Bürointrigen wirklich sind. Um zur höchstmöglichen Version deiner selbst zu werden, musst du nicht auf Besitztümer verzichten, zu einer asketischen Person werden oder deine Liebsten zurücklassen, um in ein Kloster einzutreten. (Es sei denn, du willst es.) Du musst dir nicht den Kopf rasieren, Weihrauch verbrennen oder in einer Höhle meditieren. (Es sei denn, du willst es.) Du entscheidest dich einfach dafür, bewusste Selbstentwicklung und persönliches Wachstum zu praktizieren ..., um deine radikale Wiedergeburt zu erschaffen.

Der Weg, der bereits für dich vorgezeichnet ist, mag dir aufzeigen, dass du einen Mercedes fährst, ein Sommerhaus am See hast und es deiner Mutter gleichtust und eine erfolgreiche Zahnärztin wirst. Und wenn sich dieser Weg für dich richtig anfühlt, solltest du diese Reise auf jeden Fall auskosten.

Aber bevor du blindlings dem Weg folgst, den die Welt für dich bereithält, solltest du ernsthaft und kritisch darüber nachdenken, ob dich dieser Weg zu der Person führt, die du werden sollst – zu der Person, die du wirklich sein willst.

Damit dir dies gelingt, musst du bereit sein, dein altes Ich loszulassen – oder es sogar zu begraben. Um das zu tun, müssen wir herausfinden, wie du in die Situation gelangt bist, in der du dich momentan befindest. Genau damit werden wir auch beginnen ...Wir können meine Definition wirkungsvoller Führung von oben übernehmen und in zwei Komponenten zerlegen. Im ersten Teil geht es darum, die Teammitglieder zu inspirieren, zur bestmöglichen Version ihrer selbst zu werden. Dies beginnt damit, sich selbst zu führen. Du musst das Vorbild sein, die Person, die das Verhalten vorlebt. Und vor allem musst du deinen eigenen Träumen nachgehen.

Es gibt Tausende negativer Menschen, die an dir zweifeln werden, die dich verspotten und sogar versuchen, dich zu sabotieren. Wenn du nicht bereit bist, für deine Träume zu kämpfen, werden die Hassprediger gewinnen. Deine Teampartner müssen sehen, dass du deinen eigenen Kampf gewinnst, damit sie auch ihre eigenen Bemühungen unternehmen können.

Das Ironische an inspirierender Führung ist, dass sie nicht daraus besteht, einfach nur positiv zu sein und gute Ergebnisse anzuerkennen. Um andere tatsächlich zu inspirieren, musst du sie in irgendeiner Weise herausfordern. Menschen sehen zu Anführern auf, weil sie sich jemanden wünschen, der sie zu einer höheren Vision antreibt; dazu, die Augen über den Horizont zu erheben und danach zu streben, mehr zu erreichen; sei es für sich selbst oder für einen edlen Zweck.

Der beste Weg, dies zu tun, besteht immer darin, dieses Verhalten vorzuleben. Lautstark Befehle hinauszubrüllen, wird sicherlich nicht funktionieren. Wir legen in unserem Geschäft ein viel zu großes Augenmerk auf Kontrolle. Doch da wir es mit einer Armee von Freiwilligen zu tun haben, funktioniert Kontrolle nicht besonders gut. Wenn du im Kontrollmodus arbeitest, bietest du den Menschen tatsächlich nur zwei Entscheidungsmöglichkeiten: Anpassung oder Ablehnung. Da Menschen es hassen, Dinge zu tun, die sie tun sollen, entscheiden sich die meisten für die zweite Möglichkeit.

Einfach der beste Trainer der Welt zu werden und die besten Schulungen auf der Welt abzuhalten, wird ebenfalls nicht funktionieren (vor allem dann nicht, wenn du selbst nicht die Dinge tust, die du unterrichtest). Dein Team wird die größten Rückschlüsse aus den Handlungs- und Verhaltensweisen ziehen, die sie bei dir beobachten können. Sei daher das Vorbild, das ihnen den Weg zeigt, dem sie folgen sollen.

Der zweite Teil einer starken Führung besteht darin, ein Umfeld aufzubauen, in welchem es deinen Partnern leichter fällt, zur höchsten Version ihrer selbst zu werden. Das ist eine wichtige Verantwortung, die alle Top-Führungskräfte im Vertrieb mit Hebelwirkung tragen. Dies gelingt dir durch die richtigen Systeme, Schulungen und Werkzeuge. Es ist auch wichtig, dass es einen vorgegebenen Pfad zum Erreichen der einzelnen Schritte gibt, dem deine Leute folgen können.

Deine Partner müssen wissen, wie die Schritte auf dem Weg zur Führungskraft innerhalb deines Teams verlaufen. Wenn du ein neuer Rekrut in einer Armee bist und dein Traum daraus besteht, zum General zu werden, dann hast du eine Vorstellung, wie die einzelnen Zwischenstufen aussehen, die dich zu diesem Rang führen. Und du weißt, welche Aufgaben und Verantwortlichkeiten zum Erreichen der jeweiligen Zwischenstufen erforderlich sind. Auch deine Leute müssen wissen, durch welche Zwischenstufen, Verhaltensweisen und Gruppenaktivitäten sie auf den richtigen Weg gelangen, um zu einer Führungskraft in deinem Team zu werden (dies wirst du in den weiteren Kapiteln noch besser verstehen).

Sobald du diese beiden Bereiche beherrschst – Menschen inspirieren, um besser zu werden und ein Umfeld zu schaffen, das genau dies ermöglicht –, hast du die beiden grundlegenden Elemente für den Aufbau einer starken Führungskultur in deinem Team geschaffen. Dies wird es dir ermöglichen, ein starkes Wachstum und echte Duplikation zu entwickeln.

Jetzt, da du weißt, wie die Rolle einer positiven, ermutigenden Führungskraft aussieht, lass uns den wichtigsten Schritt in diese Richtung erkunden – das Akzeptieren der geheiligten Verantwortung, die mit dem Sponsern anderer einhergeht.

– Randy Gage

Miami Beach, Florida

November 2020

Kapitel 1

Wenn du erkennst, dass dein Leben Mist ist …

STELLE DIR Folgendes vor:

Du blickst auf einen Todesstern, der seine Laserkanone in Stellung bringt, um deine Welt zu zerstören. Du stehst allein auf der Oberfläche des Planeten, bist zum Kampf bereit und in deiner Hand hältst du – ein Taschenmesser. Ob du es glaubst oder nicht, das ist eine Analogie für genau die Kräfte, denen du bis zu diesem Punkt in deinem Leben gegenüberstandest – und die dich fast besiegt haben. (Gleichzeitig ist es auch der Grund, warum du vermutlich ein unbewusstes Verhalten an den Tag legst, mit dem du dein Glück und deinen Erfolg selbst sabotierst.)

Vielleicht denkst du, dass ich übertreibe. Doch das tue ich nicht. Seit dem Kindesalter bist du mit überwältigenden Kräften konfrontiert. Kräfte, die entschlossen sind, dich einer Gehirnwäsche zu unterziehen, dich niederzuhalten und dein Selbstwertgefühl zu zerstören. Entschlossen, dich dazu zu manipulieren, überflüssiges Zeug zu kaufen, giftige Substanzen zu konsumieren, dich zu verschulden, deine Beziehungen zu ruinieren und ein Arbeitssklave im Kollektiv zu werden.

Die meisten von euch, die diese Worte lesen, haben mich noch nie persönlich getroffen. Okay, vielleicht haben wir einen kurzen Händedruck geteilt oder ein Foto bei einem Seminar geschossen, mehr allerdings nicht. Aber trotzdem weiß ich ein paar sehr wichtige Dinge über dich ...

Erstens weiß ich, dass es Zeiten in deinem Leben gab, in denen eine Tür zuging und du nun dachtest, dass etwas vorbei sei. Doch kurz darauf entdecktest du, dass auf einem anderen Pfad etwas viel Größeres auf dich wartete. Zweitens weiß ich, dass einige deiner größten Errungenschaften daraus entsprungen sind, weil du zuvor mit einigen deiner schwierigsten Herausforderungen konfrontiert warst.

Bist du die Person, von der du immer geträumt hast? Oder hast du dich damit abgefunden, jemand anderes zu sein? Vielleicht hast du die Geschichte eines anderen Menschen für dich selbst übernommen. Oder vielleicht bist du nach links gegangen, als du nach rechts hättest gehen sollen. Das wiederum hat dich dann auf einen Weg gebracht und in eine Welt geführt, in der du nie leben wolltest. Die Tatsache, dass du dieses Buch liest, ist ein ziemlich guter Hinweis darauf, dass du vielleicht eine Geschichte schreibst, die nicht wirklich deine eigene ist. Oder vielleicht bist du eines Tages aufgewacht und hast festgestellt, dass du die Person, die du geworden bist, einfach nicht magst (oder sogar hasst). Egal wie, das muss keine schlechte Sache sein. Tatsächlich kann es sich sogar um eine wunderbare Entwicklung handeln.

Denn jedes Scheitern, das du erduldet, jedes Hindernis, das du überwunden hast und jede Herausforderung, die du gemeistert hast, hat dich stärker und weiser gemacht und dich besser auf deine wahre Bestimmung vorbereitet. Diese Stufen waren notwendig. Denn ohne sie hättest du den Weg, den du von nun an gehen musst, niemals entdecken, verstehen und beschreiten können. Du warst zu unwissend, zu arrogant – oder beides –, um die Botschaft zu empfangen, die dir dein Leben geschickt hat. Zieh dich deswegen nicht selbst herunter. Du hast genug gelitten, hast deine Buße getan und deine Zeit abgesessen. Du bist in deinem Bewusstsein gewachsen. Lasse nun dein altes Ich los, vergib dir selbst und schreite nach vorn, um deine Fülle anzunehmen.

Lass nicht zu, dass dich die Person, die du bisher gewesen bist, daran hindert, der Mensch zu sein, der du werden kannst.

Manchmal ist die Version 1.0 einer Software nicht diejenige, die vom Markt angenommen wird. (Und manchmal ist es auch nicht die Version 2.0 oder 3.0.) Aber solange du bereit bist, weiterhin Fehler zu beheben und Upgrades durchzuführen, landest du schließlich bei einer funktionierenden Version. Das ist es, worum es bei dieser wundervollen Erfahrung, die wir Leben nennen, wirklich geht. Die Reise der Entfaltung zu der Person, die du wirklich sein sollst.

Im besten Fall geht es einfach nur darum, dein altes Ich loszulassen. Aber wenn du in tief verwurzelten, toxischen Mustern gehandelt hast, die vielleicht schon Generationen überdauert haben, kann es vielleicht sogar erforderlich sein, dein altes Ich zu töten.

Manche Leute mögen behaupten, dass dies ein jahrelanger Prozess sei. Sie schlagen dir vielleicht vor, deine unerfüllten Kindheitsbedürfnisse zu benennen, nach unterdrückten Gefühlen und Erinnerungen zu suchen und in Kontakt zu deinem inneren Kind zu treten. Du kannst fünf Jahre bei einem Psychiater mit Rohrschach-Tests verbringen, die Bedeutung von Symptomen erforschen, Traumanalysen betreiben und deine vielen Fälle von Widerständen, Parapraxis, Transferenzen und Panikattacken hinterfragen. (Vielleicht solltest du das sogar. Ich habe vier Jahre mit Therapien verbracht und empfand dies als äußerst hilfreich.) Aber egal, ob du mit einem Psychologen zusammenarbeitest oder nicht: Du brauchst nicht zu warten, bis du den richtigen Therapeuten gefunden hast, um für eine Änderung in deinem Leben zu sorgen. Ich glaube, dass die einfachsten Ratschläge die besten sind. Lass es uns also einfach und simpel halten:

Wenn dein Leben Mist ist, dann handelt es sich nicht um das Leben, das für dich gedacht war. Ändere es.

Du musst dich nicht verleugnen oder dafür schämen, wenn du ein mieses Leben führst. Es gibt keinen Grund, dich den Depressionen zu ergeben und deine Resignation zu akzeptieren. Millionen von Menschen wurden darauf programmiert, die gleichen Fehler zu machen, die du gemacht hast. Allein diese Erkenntnis zu haben, macht schon 80 Prozent des Durchbruchs aus. Sobald dir dies gelingt, kannst du die Entscheidung treffen, dein altes Leben zu beenden und ein neues zu erschaffen. Sei bereit, die Person loszulassen, die du jetzt bist und transformiere dich in den Menschen, der du werden sollst.

Der befreiendste Tag deines Lebens ist der Tag, an dem du erkennst, dass einige Brücken dazu bestimmt sind, verbrannt zu werden.

Es gibt einige Glaubenssätze, Gewohnheiten und sogar Menschen, die nicht mehr in dein Leben gehören. Sobald du diese Realität begreifst und anerkennst, kannst du dir endlich die Erlaubnis geben, weiterzuziehen. Dann bekommst du eine zweite Chance auf eine saubere Leinwand, auf die du dein neues Leben zeichnen kannst. (In manchen Fällen ist dies sogar deine erste Chance.) Jetzt kann deine Reise der Selbstbestimmung wirklich beginnen. Aber zuerst musst du den schieren Umfang und das Ausmaß der Kräfte erkennen, die daran gearbeitet haben, dich niederzuhalten. Und du musst auch anerkennen, welch außergewöhnliche Arbeit du bisher geleistet hast, wenn du in diesem speziellen Moment im Raum-Zeit-Kontinuum immer noch durchhältst (– wenn auch nur gerade so).

Wenn du dein altes Ich in den Ruhestand schicken oder sogar zu Grabe tragen willst, ist es wichtig, dass du verstehst, wie du zu dieser Person geworden bist. So, dass du die prägenden Elemente aufdecken kannst, die dich in die Irre geführt haben. Lass uns aufschlüsseln, wie das aussieht …

Wir alle haben grundlegende Überzeugungen über die Welt um uns herum entwickelt und darüber, wie wir in sie hineinpassen. Die wichtigsten Kernüberzeugungen in Bezug auf das Selbstwertgefühl, das du entwickelst, und darüber, wie glücklich und erfolgreich du letztendlich wirst, lassen sich in die folgenden sechs Kategorien aufteilen:

- Geld/Erfolg
- Ehe/Beziehungen
- Geschlecht/Sexualität

- Gott/Religion
- Gesundheit/Wellness
- Karriere/Arbeit

Es ist eine beängstigende, verblüffende und doch äußerst stichhaltige Tatsache: Deine grundlegende Einstellung zu den meisten oder gar allen dieser Überzeugungen wurde festgelegt, bevor du 10 Jahre alt warst. Wirklich! (Die meisten sogar schon, bevor du das Alter von sieben Jahren erreicht hattest.)

Haben deine Eltern Sätze in dir bekräftigt wie z.B.: „Geld wächst nicht auf Bäumen" oder „Das können wir uns nicht leisten"? Dann hattest du wahrscheinlich Gefühle von Eifersucht (oder sogar Hass) auf reiche Menschen, bevor du sechs Jahre alt warst.

Hat eines deiner beiden Elternteile das andere betrogen oder haben sie sich ständig gestritten, als du groß geworden bist? Nun, deine Grundüberzeugungen über die Ehe und über romantische Beziehungen hatte sich schon unbewusst herauskristallisiert, bevor du noch deine erste eigene Beziehung erlebt hast.

War, als du aufgewachsen bist, Sex ein Tabuthema in deinem Elternhaus? Wurden dir konventionelle Glaubenssätze beigebracht, wie z.B., dass Jungs mit Autos spielen und Ärzte werden? Und dass Mädchen Puppen sammeln und sich zu Krankenschwestern ausbilden lassen? Schon vor der Pubertät warst du ein einziges Durcheinander von Vorurteilen, Geschlechterrollen und dysfunktionalen sexuellen Überzeugungen.

Haben dir die Nonnen in deiner Katechismusklasse mit einem Lineal auf die Knöchel geschlagen und dir beigebracht, dass du als armseliger Sünder geboren wurdest? Deine Grundüberzeugungen über Gott und die Religion standen für dich schon als sechsjähriges Kind fest.

Bestanden, als du noch klein warst, 90 Prozent der Lebensmittel in eurer Speisekammer aus industriell hergestellten Substanzen, wie gezuckerten Frühstücksflocken und Tiefkühlkost sowie Nudelgerichten mit einem Verfallsdatum, das selbst heute noch ein paar Jahre in der Zukunft liegt? Haben die Vorbilder in deinem Leben für jedes Jahrzehnt, das sie älter wurden, fünf Pfund mehr auf die Waage gebracht? Nahmen deine Großeltern (oder sogar deine Eltern) täglich 10 verschiedene Medikamente ein? Wenn ja, dann hast du über Gesundheit und Wohlbefinden einige sehr einschränkende Glaubenssätze entwickelt, bevor du ein Teenager warst.

Wurde dir beigebracht, dass Arbeit etwas ist, das man acht Stunden am Tag erträgt? Und dass man sein Leben erst dann genießt, wenn man bereits den größten Teil davon hinter sich gebracht hat? Oder dass eine Arbeitsstelle in einem großen Unternehmen oder die Mitgliedschaft in einer Gewerkschaft finanzielle Sicherheit für dich und deine Familie bieten würde? Egal wie, du hast dich von einer Lüge einwickeln lassen.

Du magst es für eine weithergeholte Idee halten, dass Glaubenssätze, die du in diesen sechs Bereichen entwickelt hast, auch noch Jahrzehnte später deine Beziehungen, deinen Wohlstand und dein Glück massiv beeinflussen. Aber mit ziemlich großer Sicherheit trifft diese Tatsache auch auf dich zu. Es kann sein, dass du deine Ehe sabotierst, bei einer Beförderung übergangen wirst oder Konsumschulden in Höhe von 50.000 Dollar hast – aufgrund einer Programmierung, die du im Alter von sechs, sieben oder acht Jahren erhalten hast. Ja, wirklich.

Die erstickenden und übermächtigen Kräfte, die gegen dich gewirkt haben, wurden nicht auf einem öffentlichen Schlachtfeld eingesetzt, sondern in den unsichtbaren Bereichen deines Unterbewusstseins. Du wurdest unwissentlich einer Gehirnwäsche unterzogen. Seit deinen prägenden Jahren bist du dysfunktionalen, einschränkenden und sogar gefährlichen Memes ausgesetzt worden.

Der Begriff „Meme" wurde gekapert und wird häufig verwendet, um eine Art von Grafik in den sozialen Medien zu beschreiben. Aber das ist nicht das, worüber wir hier sprechen. Das Wort „Meme" wurde zuerst von Richard Dawkins in seinem Buch Das egoistische Gen geprägt. Dawkins nahm die griechische Wurzel von „mimeme" und verkürzte sie zu „meme", um mehr auf das Gen zu verweisen. Ein Meme ist ein Virus in unseren Gedanken – eine Idee, die uns infiziert und gleichzeitig auch ansteckend ist und sich weiterverbreitet. Stell dir ein Meme als etwas vor, das Menschen dazu bringt, auf eine bestimmte Art und Weise zu denken, etwas Bestimmtes zu glauben oder eine bestimmte Handlung auszuführen – ähnlich wie es Gene in unserem Körper tun. Eingängige Jingles oder einprägsame Slogans sind jeweils solche Memes. Du hörst sie, spielst sie in deinem Kopf ab und dann „infizierst" du andere Köpfe, indem du sie weitergibst. „Just do it" und „Yes we can" sind Memes, genauso wie der „kleine Hunger" und die Vorstellung, dass reiche Menschen böse sind.

Ein Meme-Komplex (oder Memeplex) ist ein Gebilde von sich gegenseitig unterstützenden Memes, die zusammen ein Glaubenssystem bilden.

Genauso, wie die Festplatte deines Laptops mit einem Virus aus einer E-Mail infiziert werden kann, kann auch dein Unterbewusstsein mit einem Gedankenvirus aus deiner Umgebung infiziert werden. Das ist genau das, was in den obigen Beispielen passiert ist. Das Ergebnis, mit solchen Gedankenviren infiziert zu sein, besteht aus Selbstsabotage.

Das sieht folgendermaßen aus: Du willst etwas mit deinem bewussten Verstand erreichen, in deinem Unterbewusstsein sitzt aber ein Kernglaube, der dich daran hindert, dieses Ziel zu erreichen. Ein Beispiel sind die Millionen, vielleicht Milliarden von Menschen, die mehr Angst vor Erfolg als vor Misserfolg haben. Sie sabotieren sich selbst und haben keine Ahnung, dass sie es tun.

Und warum?

Weil sie nicht erkennen, dass sie mit diesen Gedankenviren programmiert wurden und daraus negative und dysfunktionale Glaubenssätze entwickelt haben. Sie schieben ihre weniger wünschenswerten Ergebnisse auf die Regierung, ihren geizigen Chef, auf die Wirtschaftslage, ihren Ehe- oder ihren Ex-Partner. (Oder sogar alles zuvor Genannte zusammen.) Sie sind davon überzeugt, dass die Ursache ein äußerer Umstand ist. Und merken nicht, dass der Ruf aus dem Inneren des Hauses kommt.

Geh in die Armenviertel von San Salvador und du wirst Zeuge von Tausenden von Menschen, die ein Leben am Rande des Existenzminimums führen. Sie schuften lange und hart (bei anstrengenden Tätigkeiten wie etwa dem Schrubben von Toiletten, der Arbeit auf dem Bau oder dem Abwasch), schlafen und stehen dann auf, um alles wieder von vorne zu beginnen. Es ist leicht, Mitleid für diese Menschen zu empfinden und zu glauben, dass sie nur ein hilfloses Faustpfand seien und in einem fast komatösen Zustand durchs Leben gehen.

Doch wenn ich die Aussicht von meinem Penthouse in Miami Beach genieße und all meine Nachbarn in ihren teuren Häusern auf der Insel sehe, wird mir klar, dass die meisten von ihnen in einer ähnlichen Vergessenheit leben. Klar, sie fahren teure Autos, shoppen in Bal Harbor und haben ein Premium-Paket mit Showtime, Disney+ und Netflix. Aber trotzdem sind sie Arbeitssklaven im Kollektiv – führen ein Leben ohne jegliches eigenes Bewusstsein.

Das wissen sie natürlich nicht. Denn die Menschen in der Matrix merken nie, dass sie sich in der Matrix befinden ...

Eine überwältigende Mehrheit der Menschen wird gedankenlos an Marionettenfäden geführt und hat keine Ahnung. Das kann der Viehzüchter sein, der sich vor schwarz- und braunhäutigen Menschen fürchtet und nicht weiß, dass er es nur deshalb tut, weil er des Nachts die Nachrichten des konservativen Senders FOX anschaut. Oder die Personaldirektorin eines Unternehmens, die um 21 Uhr denkt, dass sie wieder Hunger hat, aber nicht versteht, dass das nur daran liegt, dass sie während ihres abendlichen Fernsehens mehr als 20 Fast-Food-Werbespots gesehen hat. Oder der pleitegegangene Möchtegern-Unternehmer, der sich durch Instagram klickt, um noch ein weiteres

E-Book mit dem Versprechen auf schnellen Reichtum zu kaufen.

All diese Menschen mögen glauben, dass sie freie Denker und unabhängige Wesen sind, weil sie sich ein Umfeld von Menschen geschaffen haben, die ihnen ihre Geschichten abkaufen. Aber all diese Geschichten werden von den Memes, den geistigen Viren im kollektiven Bewusstsein, erschaffen und genährt. Erinnerst du dich an diese Szene aus dem Film Matrix?

> **Agent Smith:** Sind wir uns einig, Mr. Reagan?
>
> **Cypher:** Hören Sie: Ich weiß, dass dieses Steak nicht existiert. Ich weiß, dass, wenn ich es in meinen Mund stecke, die Matrix meinem Gehirn sagt, dass es saftig ist – und ganz köstlich. Nach neun Jahren ist mir eine Sache klar geworden: Unwissenheit ist ein Segen ...

Diese Szene ist die perfekte Analogie dafür, dass die eigentliche Rolle des kollektiven Bewusstseins darin besteht, die Menschheit unwissend zu halten. Der Grund dafür ist, dass das, was wir Gesellschaft nennen, nur eine Ansammlung von Menschen darstellt. Und wenn du eine große Zahl von Menschen versammelst, kannst du sicher sein, dass der größte Teil von ihnen lediglich reflexartige Reaktionen auslebt, die auf den Memes basieren, mit denen sie infiziert sind. Die meisten sind unglücklich und ungesund, hoch verschuldet und noch tiefer in Selbstverleugnung und Wahnvorstellungen verstrickt.

Du willst dich geliebt und akzeptiert fühlen. Und die Werbeagenturen, die mit Limonade, Bier und Snacks hausieren gehen, wissen genau, wie sie dich emotional manipulieren können, um dir diesen Wunsch scheinbar zu erfüllen. Wenn sie dich dann emotional zum ersten Kauf verleiten konnten, sind ihre Produkte so konzipiert, dass sie dich anschließend körperlich abhängig machen. Tortilla-Chips mit Käsegeschmack mögen besser schmecken als frischer Kürbis, weil sie gentechnisch so hergestellt werden, um diese Illusion zu erzeugen. Aber welches dieser beiden Produkte liefert dir tatsächliche Nährstoffe?

Du kannst heutzutage ein lahmer Versager sein, der im Keller seiner Mutter lebt. Aber die sozialen Netzwerke ermöglichen dir, dich mächtig zu fühlen, indem du dir eine vorgebliche Persönlichkeit erschaffst, mit der du so lange Leute beleidigen, Rache ausüben, stören und irritieren kannst, bis du ertappt wirst. Jeder Retweet, jedes Like und jede Antwort füttern dieses oberflächliche Gefühl der Kontrolle.

Doch letztendlich ist es ein Spiel, das du nur verlieren kannst …

Du opferst dich auf und verschuldest dich, um ein Auto einer Luxusmarke zu fahren. Aber dein Nachbar kauft sich ein noch luxuriöseres. Du hast die Raten von deinem letzten iPhone noch nicht bezahlt, aber Apple bringt bereits das nächste Modell heraus. Du bist zuversichtlich, dass du den nächsten trendigen Merlot gefunden hast und dann erzählt dein Hipster-Nachbar von dem brandneuen Craft-Beer, das er entdeckt hat. Wenn du beschissene Spiele spielst, gewinnst du beschissene Preise.

Lass mich dir einige traurige Nachrichten überbringen:

- Dein Sexualleben wird nicht so sein wie das in den Pornofilmen, die du gesehen hast. Wenn sie das Aufnahmestudio verlassen, fragen sich diese Darsteller, was sie tun können, um ihre eigenen Erlebnisse im Schlafzimmer aufzupeppen.

- Mehr Follower bei Facebook oder Instagram werden dich nicht glücklicher machen. Es wird lediglich den Druck erhöhen, zu versuchen, noch mehr Leute davon zu überzeugen, wie glücklich du angeblich bist.
- Die Telefonnummern sechs verschiedener Menschen abgespeichert zu haben, die sich nach deinem Körper sehnen, wird dir kein Gefühl von mehr Sicherheit geben. Auf einer tieferen Ebene weißt du, dass Aussehen eine oberflächliche und vergängliche Sache ist.
- Genauso kannst du es mit Brustimplantaten versuchen, deine Nase chirurgisch verändern lassen und dir deine Falten mit Botox wegspritzen lassen. Aber du bist immer noch du. Der Wert, den du dir selbst beimisst, wird sich dadurch nicht ändern. Weil du weißt, dass unter dieser Hülle dein wahres Ich gleichgeblieben ist.
- Du wirst nicht so weise, charmant und höflich sein, wie es die Charaktere in deiner Lieblingsserie sind. Dieser ganze Quatsch ist Augenwischerei, alles von Autoren geschrieben, die von ihren eigenen selbstsabotierenden Mustern besessen sind.

Der gemeinsame Nenner in all diesen Szenarien ist der vergebliche Versuch, durch äußere Faktoren zu einem höheren Selbstwert zu gelangen. Aber dein Selbstwert kann niemals von Dingen außerhalb deiner selbst kommen – er muss von innen heraus entstehen.

All dieses Streben nach Status und oberflächlicher Akzeptanz kann dazu führen, dass du dich einsam, richtungslos und leer fühlst. Du suchst nach etwas, das größer ist als du selbst und von dem du ein Teil sein willst. Dann ist es wahrscheinlich, dass eine Sekte, eine Gang oder eine organisierte Religion dir einen Platz und eine Vorgehensweise anbieten, um dein Gefühl der Leere zu verschleiern. Oder du sammelst Studienabschlüsse, Titel und Auszeichnungen – alles in dem verzweifelten Bestreben, dich würdig zu fühlen. Oder du versuchst, deine Leere durch endloses Konsumieren zu lindern, um sie in Drogen und Alkohol zu ertränken.

Bitte halte inne und atme tief durch, bevor du den nächsten Absatz liest …

Ich scherze nicht über das Leben in der Matrix. Denn du lebst wirklich in einer Matrix; sie ist nur nicht so konfiguriert wie diejenige in den Filmen. Die echte Matrix ist eine Ansammlung von Maschinen, die zur Überwachung und zum Sammeln von Daten verwendet werden. (Dazu gehört jede Online-Suche, die du durchführst; alles, was du kaufst; jede Website, die du besuchst; deine Posts in den sozialen Medien; die Dinge, die du deinen Sprachassistenten fragst; die Apps, die im Hintergrund auf deinem Telefon laufen und alles, was du zur Unterhaltung ansiehst oder herunterlädst.) Dann werden diese Daten genutzt, um deine Gewohnheiten, Stimmungen, Überzeugungen sowie deine Identität und deine Verhaltensweisen zu manipulieren. Deren Ziel ist, dass du dich machtlos, bedürftig und hilflos fühlst – und dich zu selbstzerstörerischen Handlungen treibst, für die die Manager der Matrix belohnt werden.

Die schädlichen Folgen für uns Menschen sind unbestreitbar. Und sie sind täglich in der Gesellschaft um dich herum zu erkennen.

Diese Folgen sind:

- Geringes Selbstwertgefühl
- Verlust des freien Willens
- Entscheidungen, die auf Angst basieren
- Zunehmende Depressionen und Selbstmorde
- Verkürzte Aufmerksamkeitsspannen
- Unfähigkeit zum kritischen Denken
- Wachsende Polarisierung

Du wirst immer ein Sklave dessen sein, was dir nicht bewusst ist. Dabei spielt es keine Rolle, ob es sich um Menschen, Institutionen, Bräuche, Gewohnheiten, geistige Programmierungen oder Emotionen handelt. Die einzig wahre Freiheit kommt aus unserer Selbsterkenntnis.

Das ist auch, was wir als nächstes erforschen werden ...

Kapitel 2

Du und die Zombieameise

Es gibt einen Pilz aus der Familie der Ophiocordycipitaceae, der in das Exoskelett einer Ameise eindringt. Dann zwingt er die Ameise dazu, auf einen Baum zu klettern und sich an einem Zweig festzubeißen – ein Akt des Selbstmords, der dazu führt, dass ihr Kopf explodiert und weitere Pilzsporen auf die Ameisen unter ihr herabregnen, die den Vorgang dann wiederholen. Im Wesentlichen infiziert der Pilzerreger die Ameise, was dazu führt, dass sie sich selbst tötet und einen sich erneuernden Zyklus von Zombieameisen aufrechterhält, welche die Kolonie verwüsten.

Fragst du dich nun, ob ich damit sagen will, dass der Grund dafür, warum du einen Mercedes kaufst, kokainsüchtig wirst oder eine bestimmte politische Partei unterstützt, darin bestünde, dass du wie eine solche Zombieameise gekapert wurdest? Also, ich würde niemals deine Intelligenz beleidigen, indem ich so etwas behaupte, ... doch, wenn ich so darüber nachdenke ... ja, das ist so ziemlich genau das, was ich damit meine.

Meiner Meinung nach war Sigmund Freuds aufschlussreichste Beobachtung, dass man das Unbewusste, solange man es sich nicht bewusst gemacht hat, als Schicksal bezeichnet. Wir alle haben eine „Kommandozentrale“ (ein Unterbewusstsein), die unser Verhalten steuert. Stelle es dir wie den Hauptcomputer auf der Brücke des Raumschiffs Discovery vor. Entweder schreibst du selbst die Software oder du akzeptierst einfach die vorinstallierten Programme, mit denen der Computer geliefert wurde. Wenn du Letzteres wählst, steuert der Code, den jemand anderes geschrieben hat, dein Verhalten. Und zwar basierend auf den Gedankenviren, mit denen er programmiert wurde. In unserem Fall handelt es sich bei dieser Software um dein Unterbewusstsein.

Wenn du viele der unterbewussten Memes verinnerlicht hast, die die meisten Menschen übernommen haben – Geld ist böse, reiche Leute sind korrupt, du wurdest als armer Sünder geboren, der Buße tun muss usw. –, dann führt dies deine Kommandozentrale dazu, dass du deinen Erfolg selbst sabotierst. Bringst du diese unterbewussten Geistesviren und einschränkenden Glaubenssätze jedoch ans Licht, entwickelst du Selbstbewusstsein und die Geistesviren verlieren ihre Macht über dich. Nur dann kannst du die Kommandozentrale selbst steuern. Was uns zurück zu der Frage führt, ob du deine Kommandozentrale leitest oder ob du wie die Zombieameise kontrolliert wirst. Bist du in der Lage, Informationen, die deine Kernüberzeugungen in Frage stellen, objektiv und rational zu verarbeiten? Und wie kannst du es vermeiden, impulsiv zu reagieren, das Problem gleich persönlich zu nehmen oder unnötig um Aufmerksamkeit ringen zu müssen?

Hier ist die Sache, der wir uns alle bewusst sein müssen und gegen die wir ständig kämpfen …

Jeder von uns verarbeitet alles, was er oder sie erlebt, durch seine eigenen persönlichen Filter. Das gilt besonders für das, was wir sehen und hören. Nehmen wir als Beispiel ein Fitnessvideo auf YouTube. Wenn ich es mir ansehe, werde ich die Inhalte des Videos durch mein Prisma filtern, ob bzw. wie mir die gezeigte Übung dabei helfen könnte, meine (in meinen Augen) legendäre Karriere als Softballspieler zu verlängern. Jemand mit Rückenproblemen könnte aus dem Blickwinkel betrachten, wie es seine Ischiasbeschwerden lindern könnte. Ein übergewichtiger Mensch könnte die Übung aufgrund ihres Potenzials zur Fettverbrennung betrachten und ein Marathonläufer wäre daran interessiert, wie sie seine Ausdauer verbessern könnte. Es ist das gleiche Video, aber jeder von uns würde es durch seinen individuellen Filter betrachten. Ob jeder Einzelne von uns dieses Video mit einem Like versieht oder weiterleitet, hängt davon ab, wie es sich auf seine spezielle Veranlagung zu diesem Thema bezieht. Damit will ich einfach nur sagen, dass wir alle das Video mit unserer eigenen persönlichen Voreingenommenheit betrachten werden. Diese persönliche Voreingenommenheit können wir durch eine gängige Praxis auf eine noch höhere Ebene der Wirkungslosigkeit führen, indem wir uns selbst ein eigenes Etikett zuweisen. Um die Diskussion zu eröffnen, stelle ich die folgende Behauptung in den Raum:

Jedes Mal, wenn du dir selbst ein Etikett verpasst, senkst du schrittweise deinen IQ.

Denn sobald du dich selbst mit einem Etikett versehen hast, hast du eine Identität für dich geschaffen. Und sobald man eine Identität für sich geschaffen hast, liegt es in der menschlichen Natur, diese Identität instinktiv, impulsiv und unbewusst zu verteidigen.

Jedes Mal, wenn du unüberlegt – also instinktiv, impulsiv und unbewusst – handelst, hast du deine Fähigkeit zum rationalen und kritischen Denken reduziert. Obwohl du deinen IQ natürlich technisch gesehen nicht gesenkt hast, hast du praktisch einen Teil davon in einem Tresor eingeschlossen, auf den du nicht zugreifen kannst. Und wenn du auf diese Intelligenz nicht zugreifen kannst, ist sie nicht hilfreicher, als wenn du sie gar nicht hättest. Im Grunde genommen ähnelt deine Bereitschaft, dir ein weiteres Etikett zu verpassen, dem Umstand, dass du freiwillig einen chirurgischen Eingriff in dein Gehirn zulässt.

Nehmen wir an, du hast drei Wochen lang recherchiert, bevor du dein neues Auto gekauft hast. Du hattest sogar die Möglichkeit, eine VIP-Tour durch das Mercedes-Werk zu erhalten und warst so überzeugt, dass du auch einen gekauft hast. Überglücklich und begeistert hast du alle deine Freunde angerufen und Bilder in den sozialen Medien gepostet. Du hast dich nun als stolzer Mercedes-Besitzer zu erkennen gegeben. Doch sechs Monate später kommt deine Nachbarin nach Hause und schwärmt von dem neuen BMW, den sie gerade gekauft hat. Du wirst dich nun instinktiv gezwungen fühlen, die Vorteile deines Mercedes zu verteidigen. Tatsächlich könnte dieser BMW 25 Eigenschaften haben, die ihn deinem Auto überlegen machen, aber du wirst nicht einmal in der Lage sein, diese Information zu verarbeiten. Solange nicht, bis du aufhörst, dich als stolzer Mercedes-Besitzer zu identifizieren. So ist die menschliche Natur.

Es spielt keine Rolle, für wie einfach, harmlos oder gar edel du das Etikett hältst …

Selbst, wenn du denkst, dass dieses Etikett etwas Gutes ist – wie etwa ein Gelehrter, ein Philanthrop oder ein Christ zu sein –, dann wird der einfache Vorgang, dich mit diesem Etikett zu identifizieren, dein rationales Denkvermögen vernebeln. Dein Bedürfnis, deine Identität zu schützen, steht deiner Fähigkeit im Weg, logisch und rational zu denken.

Du wirst feststellen, dass Menschen, die mit zu vielen Gedankenviren infiziert sind oder seit frühester Kindheit mit ihnen indoktriniert wurden, manchmal nicht zur Vernunft zu bringen sind. Ich schreibe den folgenden Absatz nicht, um gemein, bissig oder kontrovers zu sein. Es ist einfach nur so, wie es ist.

Mit solchen Menschen kann man nicht argumentieren. Sie wurde einer grundlegenden Gehirnwäsche unterzogen und sind in Bereichen, in denen sie mit Memes programmiert wurden, nicht zu rationalem oder logischem Denken fähig. Sie können hocherfolgreiche und fähige erwachsene Menschen sein, sogar einen ausgesprochen hohen IQ besitzen, aber in diesen Bereichen ist ihnen nicht bewusst, wie irrational, unlogisch, ja, sogar verrückt ihr Denken sein kann.

Mit Menschen, die unbewusst durch solche Gedankenviren programmiert sind, eine sinnvolle Diskussion zu führen, käme dem Versuch gleich, ein nachdenkliches Gespräch mit Donald Trump halten zu wollen. (Oder mit jedem anderen Menschen, der an einem ähnlichen Maß an Unsicherheit oder Narzissmus leidet.) In Trumps Fall ist es kein Meme, das seine rationalen Denkfähigkeiten blockiert, sondern seine narzisstische Persönlichkeitsstörung. Er ist nicht in der Lage, dem logischen Verlauf einer Diskussion zu folgen, weil sich die „Filter“, durch die er alle Informationen hört, nur auf ihn selbst und seine Unsicherheiten beziehen. Jeder Versuch eines zusammenhängenden Gesprächs endet in etwa so:

Du: Mr. President, glauben Sie, dass es im Juli sonnig wird?

Trump: Ich mag die Sonne. Ich habe schon immer, seit ich aufgewachsen bin, sonnige Tage gemocht. Ich mag Sonne. Ich mag sonnige Tage. Ich war letzte Woche in meinem Golfresort und es war ein wunderschöner, sonniger Tag. Es war ein sonniger Tag, wie man ihn noch nie gesehen hat. Tatsächlich sagen viele Leute, dass mein Resort das sonnigste Resort des Landes ist, vielleicht sogar der Welt.

Du: Ich hatte gefragt, ob Sie glauben, dass es im Juli sonnig sein wird.

Trump: Ich mag den Juli auch. Der Juli war schon immer ein guter Monat für mich. Ich habe einmal in einem Juli das Band für einen meiner Trump Tower durchgeschnitten.

Du: Sei’s drum. Glauben Sie, dass Ford den neuen elektrischen Mustang in Lila anbieten wird?

Trump: Ich liebe Lila. Lila ist eine meiner Lieblingsfarben. Ich liebe Lila. Ich liebe Lila sogar sehr. Ich habe gerade zu Melania gesagt, wie sehr ich Lila mag. Sie hat mir einen lila Bademantel zum Geburtstag geschenkt ...

Beobachte einmal aufmerksam, wenn Trump interviewt wird. Du wirst sehen, dass es keine Rolle spielt, welche Frage gestellt wird, worum es geht oder wie oft die Frage wiederholt wird – er ist unfähig, eine andere Antwort zu geben als eine, die von ihm selbst handelt. Leider verfügen viele Menschen, die ihrer primären Identität ein Etikett verpasst haben (Christ/ Muslim, konservativ/liberal, Vegetarier/Fleischesser etc.) über die gleiche Unfähigkeit, einem logischen Gedankengang in einer Diskussion zu folgen.

Wenn du mit Menschen in deiner Welt interagierst, wirst du vielen Leuten begegnen, die so sehr mit Geistesviren infiziert sind, dass sie an einer ähnlichen Unfähigkeit leiden, rationalen, logischen Gedanken zu folgen. Und auch, wenn es der Weg des geringeren Widerstandes zu sein scheint, sich mit deren Verrücktheiten abzufinden, wird das dein Leben nicht einfacher machen. Du musst dich gegen Irrationalität immunisieren. Denn diese führt zu schlechten Entscheidungen. Entscheidungen, die ein Leben unterhalb der Möglichkeiten entstehen lassen, im Gegensatz zu dem Leben, das du eigentlich führen solltest.

Im Fall dieses Buches schreibe ich durch den Filter eines Autors. (Das ist das Etikett bzw. die Identität, die ich mir selbst zuordne.) Ich schreibe ein Buch, das Menschen helfen kann, einschränkende Glaubenssätze zu erkennen und sie durch ermächtigende Glaubenssätze auszutauschen. Ich bin stolz auf meine Fähigkeit zum kritischen Denken (Etikett/Identität, die ich mir selbst zuordne), daher ist es mein Ziel, ein Buch für aufgeschlossene „große Kinder" (Etikett/Identität, die ich anderen zuordne) zu schreiben. Und nicht eines, das sich an Menschen wendet, die sich in ihrer Opferrolle suhlen (Etikett/Identität, die ich anderen zuordne).

Puh, da laufen eine ganze Menge an Filtern ab …

Eine Möglichkeit, deine Filter zu neutralisieren, besteht darin, dass du zu einem Teilnehmer bzw. Beobachter wirst. Wenn du die Verwandlung zum Teilnehmer/Beobachter durchführst, befindest du dich in 10.000 Metern Höhe und kannst das Tauziehen zwischen deinem bewussten und deinem unterbewussten Verstand distanziert und objektiv beobachten. Das bedeutet, dass du die Selbstwahrnehmung entwickelst, um dein Unterbewusstsein zu reinigen und umzuprogrammieren. Sprich, alle einschränkenden Glaubenssätze zu erkennen und sie gegen bestärkende Glaubenssätze auszutauschen.

Wenn du über ein ausreichendes Selbstbewusstsein verfügst, bist du nicht so leicht zu manipulieren, weil du dich immer in einer Doppelrolle aus Teilnehmer und Beobachter wiederfindest. Wenn du etwas hörst, was mit einer deiner Kernüberzeugungen im Widerspruch steht, hältst du inne, hinterfragst die Aussage, denkst kritisch nach und kommst zu einer Schlussfolgerung. Vielleicht änderst du deine ursprüngliche Überzeugung, vielleicht behältst du sie bei. Aber zumindest hast du deine Überzeugung nochmals gezielt hinterfragt.

- Du kannst eine vernichtende politische Hetzrede in deinem Facebook-Feed lesen, und statt den Autor reflexartig anzugreifen, kannst du die Geistesviren erkennen, die ihn dazu veranlasst haben, so zu handeln.

- Du kannst diese jugendliche Bierwerbung mit schönen jungen Menschen in knappen Badeanzügen, die am Strand herumtollen, unterhaltsam finden und trotzdem denken: „Komisch, dass niemand einen Bierbauch hat."
- Du kannst Fox News anschauen, weil du einen konservativen, oder MSNBC, weil du einen liberalen Standpunkt vertrittst und dennoch erkennen, dass du einem Niveau von Propaganda ausgesetzt bist, von dem Joseph Goebbels nur träumen konnte.
- Du kannst einer der Kardashians auf Instagram folgen, um einerseits zu sehen, was in der Popkultur gerade angesagt ist und andererseits auch zu erkennen, dass du hierdurch zu einem Produkt gemacht wirst, das an Werbekunden verkauft wird.

Es erfordert ein erstaunliches Maß an kritischem Denken, intellektuellen Fähigkeiten und Selbsterkenntnis, um deine eigenen Meinungen und Überzeugungen – und vor allem die Frage, wie du zu ihnen gekommen bist – objektiv zu betrachten. Wenn du für diese Herausforderung bereit bist, dann folgt nun, was bei all dem der Schlüssel zu deinem Durchbruch sein könnte …

Wenn dein bewusster Verstand und dein Unterbewusstsein miteinander in Konflikt stehen, ist es immer das Unterbewusstsein, das gewinnt.

Immer. Es gibt nur eine einzige Möglichkeit, diese Selbstsabotage zu beenden und deine Ergebnisse zu verbessern: Indem du deine grundlegenden, unterbewussten Glaubenssätze identifizierst, die negativ, toxisch und dysfunktional sind. Anschließend musst du diese Überzeugungen heraustrennen und sie durch positive, gesunde und ermutigende Überzeugungen ersetzen.

Damit du dies erfolgreich bewerkstelligen kannst, müssen wir zunächst die Quelle dieser Geistesviren identifizieren. Für diese weltweite Infektion gibt es buchstäblich Millionen von Auslösern. Aber wir können sie alle in vier Gruppen einteilen, die den größten Teil des Schadens verursachen. Diese sind:

1. Bildungssysteme
2. Regierungen
3. Organisierte Religionen
4. Die Datasphäre

Lass uns jede Kategorie und deren Potenzial, dir zu schaden, aufschlüsseln. Übrigens, hier ist noch eine wichtige Anmerkung: Du wirst hier keine „Pro-und-Kontra"-Aufschlüsselung dieser vier Institutionen finden. Es gibt auch viele Vorteile, die wir durch Bildung, Regierungen, Religionen und die Macht der Datasphäre nutzen können. Ich hebe diese jetzt nicht hervor, weil: Erstens gibt es weitaus bessere Leute, die passende Argumente dafür vorbringen können, als ich es kann (und es auch tun). Zweitens ist dieses Buch nicht dazu gedacht, die Vorzüge dieser vier Institutionen zu untersuchen. Dieses Buch stellt lediglich meine Sichtweise darüber dar, was nötig ist, um eine persönliche Wiedergeburt zu erschaffen. Und, welche Hindernisse wir dazu überwinden müssen. Verstehe meine Kritik also bitte nicht so, als ob ich diese Institutionen abschaffen will. Das will ich nicht. Sollte es den Anschein haben, dass ich mich zu sehr auf deren negative Praktiken konzentriere, dann tue ich das einfach wegen des zentralen Grundsatzes dieses Buches: Weil es Kräfte gibt, die deine Überzeugungen beeinflussen und dich infolgedessen dazu bringen könnten, deine Gesundheit, dein Glück und deinen Wohlstand selbst zu untergraben.

Wenn etwas auf einer negativen Denkweise basiert, wird auch alles andere, was aus dieser Denkweise entsteht, negativ sein. Traurigerweise basiert das Bildungssystem auf zahlreichen schlechten Denkweisen bzw. Prämissen. Die ungeheuerlichsten davon sind:

- Kindern beibringen, was sie denken sollen, statt sie zu lehren, wie sie denken sollen
- Lehrpläne, die sich auf das Auswendiglernen von Fakten konzentrieren
- Lehrmethoden, die Schüler lediglich darauf vorbereiten, Tests zu bestehen, statt echtes Wissen zu vermitteln
- Lehrpläne, die nicht auf das praktische Leben übertragbar sind
- Geistlose Arbeitsdrohnen heranzuzüchten, statt Menschen eine echte Ausbildung zuteil werden zu lassen

Da uns das Bildungssystem bereits in einem so jungen Alter beeinflusst, übt es einen enormen Einfluss zur Entstehung lebenslanger einschränkender Glaubenssätze auf Milliarden von Menschen aus. (Die Jahre im Klassenzimmer – vom Kindergarten bis zur zwölften Klasse – sind der Zeitraum, in dem ein Mensch am formbarsten, beeinflussbarsten und verletzlichsten ist. Und wir können fortfahren, dass für viele Menschen auch die Studienzeit eine entscheidende Rolle darin spielt, wie ihre Denkweise geformt wird.)

Das grundlegende strukturelle Versagen des Ausbildungswesens besteht darin, dass es darin versagt, die elementarste Fähigkeit für ein erfolgreiches Leben zu lehren: die Fähigkeit zum kritischen Denken. Kritisches Denken ist notwendig, damit wir unser Unterscheidungsvermögen einsetzen können, um Informationen zu verarbeiten, Probleme zu analysieren, Lösungen zu schaffen und, was am wichtigsten ist, um zu einem freien Denker zu werden. Das aktuelle Bildungssystem ist jedoch darauf ausgelegt, diese Eigenschaften und Fähigkeiten aus jungen Menschen herauszuprügeln.

Dabei entsteht als „Nebenkriegsschauplatz" ein zusätzlicher Schaden: Auch die große Mehrheit aller Lehrer, Berater, Professoren, Trainer und Betreuer wird unwissentlich mit den bereits erwähnten Gedankenviren programmiert. Diese wohlmeinenden Bildungsexperten verstärken die einschränkenden Glaubenssätze noch, die du in deinen prägenden Jahren zu Hause entwickelt hast. Wenn du in der Lage warst, das Bildungssystem vom Kindergarten bis zum Studium zu durchlaufen und derzeit nicht in einer psychiatrischen Klinik, einem Obdachlosenheim oder einer Strafvollzugsanstalt lebst, hast du bereits einen beachtlichen Sieg errungen.

Was Regierungen betrifft, so können diese in zwei Typen kategorisiert werden:

5. Ein-Personen- bzw. Ein-Parteien-Herrschaften (Theokratien, Autokratien, Diktaturen etc.)

6. Mehrparteienherrschaften (Demokratien, Föderationen, Republiken etc.)

Wann immer eine einzelne Person oder eine einzelne Partei alle Macht innehat, korrumpiert diese Macht letztendlich. Sie endet damit, dass Diktatoren und Despoten das Ruder übernehmen. Das Endergebnis ist menschenfeindlich und damit auch wohlstandsfeindlich. Und in den Fällen, in denen es eine Mehrparteienherrschaft gibt, hat die Geschichte gezeigt, dass sich diese unweigerlich auf zwei Hauptparteien reduziert. Dann hat man eine Partei an der Macht, die auch an der Macht bleiben will, und eine Partei, die nicht an der Macht ist und verzweifelt versucht, die Macht wiederzuerlangen. Der innewohnende Fehler im Zweiparteiensystem entspringt dem universellen Gesetz, dass der einzige kostenlose Käse nur in der Mausefalle existiert.

Jede Partei begibt sich in einen Wettbewerb, um zu sehen, wer den meisten „Gratis-Käse" anbieten kann, um an der Macht zu bleiben oder sie wiederzuerlangen. Letztlich zerfällt alles in eine Diktatur, in Kommunismus oder Sozialismus (wobei letzteres einfach nur eine geschönte Form des Kommunismus ist). Diese Regierungsmodelle löschen das freie Unternehmertum und das persönliche Handlungsstreben aus, sodass auch hier das Endergebnis ein menschen- und damit wohlstandsfeindliches ist. Infolgedessen können Regierungen niemals Wohlstand schaffen. Im allerbesten Fall können sie es nur erleichtern, Wohlstand zu ermöglichen. Doch in der Mehrheit aller Fälle schaffen sie ihn ab.

Die meisten Menschen, die in einer Regierung tätig sind, wollen bewusst Gutes für die Menschen tun, denen sie dienen. (Oder zumindest beginnen sie auf diese Weise.) Leider führt diese altruistische Ader dazu, dass zu viele dieser Menschen glauben, dass sie sich besser um dich kümmern können als du selbst. Und hier ist das Wichtigste: Um an der Macht zu bleiben, ist eine Regierung darauf angewiesen, dass du sie brauchst. Damit sie weiterhin überlebensfähig ist, muss sie Ansprüche und Abhängigkeiten schaffen, die wiederum den allgemeinen Wohlstand ruinieren. Während Regierungen häufig versprechen, Menschen zu befreien (und dies vielleicht sogar wirklich wollen), versklaven sie sie letztendlich.

Wie die meisten Mitglieder einer Regierung sind auch die meisten Menschen, die sich in einer organisierten Religion engagieren, wohlmeinend. (Oder zumindest fangen sie so an.) Doch ähnlich wie die Zombieameisen merken auch sie nicht, dass sie mit genau den Memes infiziert sind, mit denen sie dich programmieren. Eine der heimtückischsten Eigenschaften von Memes ist, dass sie den Wirt befallen und ihn dazu bringen, das Meme unwissentlich fortzuführen.

Religiöse Memes sind zutiefst auf unseren Selbstwert ausgerichtet (oder, genauer gesagt, auf den Mangel daran). Dabei treten die meisten Religionen dafür ein, dass man bedauernswert, wertlos, unwürdig oder sogar von Natur aus böse ist und der Erlösung bedarf. Ob wir das christliche Konzept der Erbsünde, den buddhistischen achtfachen Pfad, die hinduistische Lehre vom Karma, den jüdischen Bund oder den muslimischen Gesetzeskodex betrachten – sie alle gehen von der Grundannahme aus, dass du ein fehlerhaftes Wesen bist, welches Erlösung braucht.

Wenn dir als Kind beigebracht wurde, dass du als bedauernswerter Sünder geboren wurdest, dass du unwürdig bist, dass du in diesem Leben leiden musst, dass du deine Erleuchtung erst nach 44 weiteren Leben erreichen wirst oder dass du in dieses Leben reinkarniert wurdest, um für ein vergangenes Leben zu büßen – dann kannst du mit großer Sicherheit davon ausgehen, dass du bis ins Erwachsenenalter mit einem geringen Selbstwertgefühl und mit großen Problemen bezüglich deiner eigenen Wertschätzung aufwachsen wirst. Die zerstörerischen Folgen dieser Geistesviren werden noch verstärkt, wenn man sie mit einem anderen Meme der organisierten Religion kombiniert: dem zentralen Lehrsatz, der besagt, dass man hier leiden müsse, um seine Würdigkeit für das Leben nach dem Tod zu demonstrieren (der Zeitpunkt, an dem angeblich die wirklich guten Dinge geschehen). Eine solche Programmierung führt häufig zu selbstsabotierendem Verhalten: in Bezug auf deine Gesundheit, deine Beziehungen und auf deine Karriere.

Im Wesentlichen betreiben diese Religionen kosmische „Vielflieger"-Programme. Wenn du in diesem Leben genug Punkte sammelst (für die Dinge, die du tust oder unterlässt), qualifizierst du dich für die Auszeichnung (Erlösung, Nirwana, Reinkarnation, 72 Jungfrauen, ewiges Leben, Himmel usw.). Je nach Religion kann man ausreichend viele Qualifikationspunkte sammeln, indem man sich oft genug niederkniet, oft genug um Vergebung bittet, genug Ave Marias betet, genug ungläubige Soldaten in einen Hinterhalt lockt, genug Rosenkränze reibt, genug betet, genug Flugzeuge in Wolkenkratzer fliegt, genug Abtreibungskliniken in die Luft jagt, genug Juden tötet oder genug Geld an den Fernsehprediger schickt. Ich persönlich gehe lieber das Risiko ein, meine Vielflieger-Meilen bei Delta-Airlines für eine Prämienreise nach Hawaii einzutauschen, als auf das ewige Leben zu hoffen, das mir ein Fernsehprediger in seinem Werbespot verspricht. Aber das ist nur meine persönliche Meinung.

Religiöse Befürworter würden nun das Argument vorbringen, dass Religion Inspiration und Hoffnung bietet. Und sicherlich trifft das auf viele Menschen zu. Probleme entstehen aber durch einige religiöse Rekrutierungstaktiken, die zu sehr auf die Propaganda der Unwürdigkeit setzen und mit Erlösung locken. Dies hat Hunderte Millionen von Menschen hervorgebracht, die glauben, dass sie ihre Erlösung nur dann erhalten, wenn sie akzeptieren, dass sie von Natur aus fehlerhaft, unverdient und unwürdig sind. Wenn du dieser Programmierung zum Opfer fällst, zweifelst du an deinen Fähigkeiten und setzt dir niedrigere Ziele. Du lässt dir Gelegenheiten entgehen, die dich voranbringen könnten. Und selbst, wenn du dies irgendwie überwindest und anfängst, gesund, glücklich oder wohlhabend zu werden – wirst du dich wahrscheinlich unbewusst selbst sabotieren.

Diese drei Quellen von Geistesviren, die wir besprochen haben, haben seit Jahrhunderten Schaden und Verwüstung gesät. Sie wurden lange Zeit von den positiven Kräften der Gegenseite in Schach gehalten: von Ehrgeiz, Empathie, Hoffnung und dem Wunsch, dass unsere Kinder bessere Chancen haben sollen als ihre Eltern. Aber als sich die Kommunikationsmöglichkeiten weiterentwickelten, erlaubte das den Memes, mehr Menschen zu infizieren, und das auch in noch höherem Tempo. Zeitungen, Zeitschriften und das Radio begannen, die Waage in Richtung der dunklen Seite zu kippen. Als sich große Filmstudios entwickelten und sich das Fernsehen durchsetzte, begannen negative Memes bereits in einigen Bereichen, die Schlachten zu gewinnen. Und nun hat es eine weitere Entwicklung gegeben, die das Machtverhältnis im Krieg um das Gleichgewicht zugunsten der negativen Memes gekippt hat.

Das Internet.

Das Internet hat diese Machtverhältnisse nicht von selbst verändert. Aber es ermöglichte die Entwicklung einer ganz neuen Kategorie von Massenvernichtungswaffen: Smartphones, mobile Apps, Streaming-Dienste, Online-Fernsehen, Podcasts, Blogs und E-Gaming. Diese neuen Tech-Waffen, die mit den Kampfmitteln aus den früheren Jahrzehnten zusammenarbeiten, sind zu dem geworden, was wir die Datasphäre nennen.

Als „Datasphäre" definieren wir all das, was die Bereiche Fernsehen, Radio, Blogs, Filme, Bücher, Zeitschriften, Podcasts, Newsletter und jetzt natürlich auch die sozialen Medien umfasst. Dies sind mächtige, allgegenwärtige Informationskanäle und je mehr du ihnen ausgesetzt bist (im Grunde gilt das für die meisten Menschen 24 Stunden am Tag), desto mehr potenzielle Gedankenviren können dein Unterbewusstsein programmieren.

Die Datasphäre bietet allen einschränkenden Geistesviren einen allmächtigen Multiplikatoreffekt,

der durch das Bildungssystem, die Regierungen und die organisierte Religion aufrechterhalten wird. Sie ist auf Dauer der Todesstern für jeden Wohlstand.

Und wie besiegt man einen Todesstern? Indem man seine Konstruktionsschwächen kennenlernt. Diese werden wir als Nächstes untersuchen …

Kapitel 3

Warum du es liebst, reiche Leute zu hassen

HAST DU JEMALS auf eine deiner früheren Beziehungen zurückgeblickt und gedacht: Das war eigentlich die richtige Person. Mein Seelenverwandter. Und ich habe es vermasselt.

Oder hattest du schon einmal einen Traumjob und hast ihn gekündigt? Oder einen Weg gefunden, um gefeuert zu werden?

Hattest du eine brillante, bahnbrechende Geschäfts- oder Produktidee, hast die Chance aber nicht ergriffen – nur um später zu sehen, wie jemand anderes daraus einen riesigen Erfolg gemacht hat?

Warst du jemals einer Sucht gegenüber machtlos, obwohl du wusstest, dass sie dich zerstörte?

Hast du schon einmal jemandem, den du liebst, etwas Schreckliches angetan? Etwas, von dem du dir verzweifelt wünschst, dass du es rückgängig machen könntest, kannst es aber nicht?

Wenn du noch nie eines dieser fünf Szenarien erlebt hast, kannst du dieses Buch jetzt zuklappen und es jemand anderem schenken. (Dann schreibe bitte dein eigenes Buch, damit ich es kaufen kann.) Aber wenn du eines oder mehrere dieser Szenarien (oder, wie ich, alle fünf) erschaffen hast, dann müssen wir uns damit beschäftigen.

Warum nur? Warum tun wir Dinge, von denen wir mit jeder Faser unseres Seins wissen, dass sie töricht, verletzend oder sogar gefährlich sind?

In fast allen Fällen liegt es daran, dass auf unserer unterbewussten Ebene eine negative Programmierung existiert. Eine Programmierung, die dem entgegenwirkt, was wir uns auf der bewussten Ebene zu wünschen glauben. Wir sind wie die erwähnten Zombieameisen. Es ist, schlicht und einfach, Selbstsabotage.

Im vergangenen Kapitel habe ich dir das Konzept der Datasphäre vorgestellt und sie mit dem Todesstern gleichgesetzt, der jeglichen Wohlstand eliminiert. Vielleicht hat dich diese Vorstellung abgestoßen und du dachtest, ich sei zu alarmistisch oder zu melodramatisch. Doch das bin ich nicht.

Denn mit Hilfe der Datasphäre werden nun all die negativen, einschränkenden und destruktiven Gedankenviren, die du vom Bildungssystem, von der Regierung und von organisierten Religionen erhalten hast, konzentriert, verstärkt und aufgeladen, um dich auf deine persönliche Selbstverletzung zu programmieren.

Aufgrund des Umfangs, der Schnelligkeit und der Macht der Datasphäre kann heutzutage ein Meme, das 1955 vielleicht sechs Jahre gebraucht hätte, um die Welt zu umrunden, in wenigen Tagen mehrere Milliarden Menschen erreichen. Die heimtückischste

Eigenschaft geistiger Viren besteht darin, wie sie den Wirt infizieren und sich dann in ihm breit machen, um die Viren in den Menschen in seinem Umfeld zu vervielfachen. Die Datasphäre schafft eine Endlosschleife der Replikation und erzeugt ganze „Virenschleudern", die diese Geistesviren mit der Geschwindigkeit des Internets weiter verstärken und verbreiten.

Die negativen Denkmuster, die durch das Bildungssystem geschaffen werden, gibt es schon seit mindestens ein- oder zweihundert Jahren. Die Denkweisen, die mit Hilflosigkeit, Anspruchsdenken und Bedürftigkeit behaftet sind und die Regierungen und organisierte Religionen oft verwenden, um ihre Anhänger zu manipulieren, werden seit buchstäblich Tausenden von Jahren praktiziert. Jetzt, mit dem Aufkommen unserer modernen Datasphäre, wirst du täglich 24 Stunden lang von einer digitalen Flutwelle negativer, giftiger und destruktiver Geistesviren angegriffen.

Zum ersten Mal in der Geschichte der Menschheit schreitet unsere Entwicklung mehr durch die Auswahl angepasster Ideen voran als durch biologische Erbmerkmale. Das bedeutet, dass die Memes über unsere Gene siegen. Unser Handeln wird heutzutage mehr durch Gedankenviren gesteuert als durch unsere eigene DNA. Ein paar Jahrzehnte der geistigen Programmierung setzen Tausende von Jahren unserer evolutionären Entwicklung außer Kraft. Im Wettstreit zwischen einer gesunden Zukunftsvision für die Menschheit und einem selbstzerstörerischen Verhalten, das uns hinunterzieht, verlieren wir den Krieg.

Weil dieser Krieg gegen Kinder geführt wird ...

Kriege werden auf Territorien gewonnen oder verloren, indem man Gebiete einnimmt (oder verteidigt) und besetzt. Im Fall von Geistesviren handelt es sich bei den einzunehmenden Territorien um das Unterbewusstsein von Kindern. Der Wendepunkt, an dem alles umkippt, wird dann im Erwachsenenalter erreicht.

Du hast wahrscheinlich schon die Analogie über Schiffe oder Flugzeuge gehört, bei denen der endgültige Ankunftsort weit schwanken kann, wenn der Kurs über große Entfernungen lediglich um ein oder zwei Grad von der ursprünglichen Richtung abweicht. Dein Ankunftsort im Leben wird, wenn du das Erwachsenenalter erreichst, ebenfalls stark schwanken – je nachdem, wie es um deine geistige Gesundheit bestellt ist. Die entscheidenden Faktoren werden sein, auf welcher Stufe deiner folgenden Eigenschaften du dich befindest:

- Zuversicht
- Optimismus
- Selbstwertgefühl
- Lebensvision

Nehmen wir an, Kind A erreicht mit einem großen Vertrauen in seine Fähigkeiten, einem positiven Selbstwertgefühl und einer optimistischen Vision für seine Zukunft das Alter von 18 oder 20 Jahren. Würdest du seine Chancen auf ein gesundes, glückliches und erfolgreiches Leben nicht ziemlich hoch einschätzen?

Nehmen wir an, Kind B erreicht ebenfalls das Alter von 18 oder 20 Jahren, zweifelt jedoch an seinen

Fähigkeiten, hat ein negatives Selbstwertgefühl und eine pessimistische Sicht auf seine Zukunft. Würdest du seine Chancen auf ein gesundes, glückliches und wohlhabendes Leben nicht ziemlich gering einschätzen?

Hier sind die am weitesten verbreiteten Memes, die in der heutigen Welt durch unsere Bildungssysteme, Regierungen und organisierte Religionen verbreitet werden:

- Du bist nicht würdig.
- Geld ist schlecht.
- Reiche Menschen sind böse.
- Um Geld zu haben, muss man seine Seele verkaufen.
- Du hast es nicht verdient, gesund, reich und glücklich zu sein.
- Wenn du dich im Jetzt aufopferst, wirst du im Jenseits belohnt.
- Es ist edel oder spirituell, arm zu sein.
- Unternehmen müssen ausbeuterisch handeln, um erfolgreich zu sein.
- Du bist nicht dazu bestimmt, in diesem Leben glücklich zu sein.
- Erfolgreich werden kann nur, wer gleichzeitig ein schlechtes Elternteil ist.

Durch die Macht der Datasphäre erhältst du nun Tag für Tag buchstäblich Hunderte dieser negativen Memes. Sie kommen nicht nur auf bewusster Ebene auf dich zu, sondern auch über unterschwellige, unbewusste Pfade. Da stehst du nun, allein am Strand – und hältst dein Taschenmesser bereit. Den Todesstern kannst du nur besiegen, wenn du den Konstruktionsfehler findest. Und um gegen Geistesviren zu gewinnen, brauchst du einen ähnlichen Ansatz.

Wie in der meisten Folklore werden unser Aberglaube, unsere Wahnvorstellungen, Memes oder Geistesviren am effektivsten durch das Erzählen von Geschichten verbreitet. Die Geistesviren sind unbeabsichtigt in die Storys eingebettet, die wir uns selbst erzählen: Fernsehen, Theaterstücke, Opern, Literatur, Filme, Blogs, Nachrichtensendungen, Leitartikel und Meinungsäußerungen. Und natürlich auch in die gesamte zweckdienliche Massenkommunikation. Lass uns aufschlüsseln, wie das Ganze abläuft ...

Wenn du alt genug bist, um den Beginn des Trends der Superheldenfilme erlebt zu haben, hast du dir wahrscheinlich Popcorn und ein Ticket für den ersten Spiderman-Film gekauft. Es gibt eine Stelle, an der sein Onkel zu Peter Parker bzw. Spiderman sagt: „Wir mögen vielleicht nicht reich sein, aber wenigstens sind wir ehrlich."

Was ist wirklich passiert, als du diese Szene beobachtet hast?

Wahrscheinlich dachtest du, du würdest einfach nur ein paar aufgepoppte Maiskörner verputzen und in deinem örtlichen Cinemaxx einen Film ansehen. Aber was ist wirklich passiert? Du warst zahlreichen einschränkenden Geistesviren ausgesetzt, die sich jetzt noch tiefer in dein Unterbewusstsein eingegraben haben. Hast du jemals darüber nachgedacht, was ein Ausdruck wie der obige wirklich bedeutet?

Lass es uns übersetzen ...

Als Peters Onkel sagte: „Wir sind vielleicht nicht reich, aber wenigstens sind wir ehrlich", meinte er eigentlich: „Geld ist schlecht und reiche Leute sind böse. Sei froh, dass wir nicht reich sind, denn das bedeutet, dass wir gute, edle und bodenständige Menschen sind." In der heutigen Datasphäre erhältst du nonstop solche unterschwelligen Botschaften. Doch bevor wir genauer darauf eingehen, solltest du noch etwas Weiteres über Geistesviren wissen ...

Je emotionaler sie sind, desto schneller verbreiten sie sich und desto stärker ist ihre Wirkung auf dich und andere. Daher hat jedes Meme, in dem Kinder oder wehrlose Opfer vorkommen, eine unglaublich starke Wirkung. Denk an die Spiderman-Szene: Warum wurde Peter von seinem Onkel aufgezogen? Weil der arme Peter seine Eltern verloren hat; er ist ein Waisenkind. Wenn du einem Protagonisten ausgesetzt bist, der ein Waisenkind ist, werden deine emotionalen Strippen gezogen und die Geschichte (und hiermit die zugrundeliegenden Gedankenviren) hat einen viel stärkeren Einfluss auf dich. Es scheint, dass es sich in den Geschichten, die wir uns erzählen, bei dem Klischee des Waisenkindes um ein weltweites Muster handelt. Wirf auf die folgende Liste von Waisenkindern in der Belletristik einen kurzen Blick, insbesondere bei Kindergeschichten:

Tarzan

Schneewittchen

Huckleberry Finn

Tom Sawyer

James Bond

Captain America

Heidi

The Boxcar Children

Mogli

Dorothy Gale (Der Zauberer von Oz)

Der Rattenfänger von Hameln

Little Orphan Annie

Hawkeye (Marvel)

David Copperfield

Po (Kung Fu Panda)

Poison Ivy

Batman

Robin

Lara Croft (Tomb Raider)

Finn (Star Wars)

Han Solo

Anakin Skywalker

Luke and Leia Skywalker

Rey Skywalker

The Mandalorian

Worf (Star Trek)

Michael Burnham (Star Trek)

Cinderella

Martin Brundle (Die Fliege)

Frodo Beutlin

Superman

Supergirl

Firefly (DC Comics)

Harry Potter

Black Manta

Daredevil

Green Hornet

Oliver Twist

Professor X

Wolverine

Magneto

Zyklop

John Wick

Jon Snow

Daenerys Targaryen

So ziemlich jeder, der mit Nachnamen „Stark“ heißt.

Hat dich diese Liste gerade umgehauen? Es gibt bestimmte archetypische Charaktere, die im Konzept des Geschichtenerzählens immer wieder auftauchen. Und ein Kind, dem ein oder vor allem beide Elternteile fehlen, steht auf der Liste ganz oben. Wie du zuvor sehen konntest, ist es für Helden und Superhelden wohl die Regel, keine Eltern zu haben. Viele andere Protagonisten scheinen ihre Eltern verloren zu haben und von anderen aufgenommen worden zu sein. Wenn die neue Familie grausam ist (wie bei Harry Potter und Aschenputtel), wird die Kraft des Memes noch verstärkt. Ebenso, wenn unsere armen, einsamen Waisenkinder sich selbst überlassen werden (Mogli, Oliver Twist und die Boxcar-Kinder).

Man könnte meinen, es handele sich um eine finstere Verschwörung, die von einer geheimen Kabale von Hollywood-Autoren unternommen wird. Doch der wahre Grund für diese Situation ist ganz einfach: Wenn du Drehbuchautor bist, willst du ein Drehbuch schreiben, das den Filmen ähnelt, die dich am meisten beeindruckt haben. Und wenn du Schriftsteller bist, willst du ein Buch schreiben, das den Büchern ähnelt, die dich angesprochen haben.

Einfach ausgedrückt: Die Autoren folgten unbewusst einer Formel. Sie waren Geistesviren ausgesetzt, wurden von ihnen infiziert und befallen und haben dann die Verbreitung dieser Geistesviren fortgesetzt. Und das, liebe Jungen und Mädchen und alle anderen, ist, wie Memes die Welt erobern.

Nun, wenn die vorherrschenden Memes, die im Umlauf sind, einfach nur heroische Geschichten von Waisenkindern wären, die den Verlust ihrer Eltern überwinden, würden wir eventuell einfach nur davon inspiriert werden. Oder das Gleiche wäre der Fall, wenn die Mehrheit der Memes suggerieren würde, dass man würdig sei und dazu bestimmt ist, gesund, glücklich und wohlhabend zu sein. Aber das ist nicht die Art von Memes, die massenhaft verbreitet werden ...

Du wirst buchstäblich jeden Tag deines Lebens Hunderte Male mit meist negativen Memes gefüttert – auf bewusste, unterbewusste oder unbewusste Weise. Die Datasphäre verbreitet sie durch die Popkultur. In den 60er, 70er und 80er Jahren waren Bücher noch starke Verbreiter der kulturellen Evolution, aber der primäre Treiber war das Fernsehen. Mit den 90er Jahren nahm der Einfluss von Büchern ab, das Fernsehen war immer noch ein wichtiger Faktor, aber die großen Kinofilme begannen, eine größere Rolle zu spielen. Heute stellen Fernsehen und Kino zwar immer noch große kulturelle Einflussfaktoren dar, aber Blogs, soziale Medien und andere Internetplattformen prägen die gesellschaftliche Programmierung auf unglaublich wirkungsvolle Weise in Form intensiver Gehirnwäsche.

Sag mir, welcher Generation du angehörst, und ich kann dir nicht nur die vorherrschende kulturelle Unterhaltung deiner Ära aufzählen, sondern auch die böse, heimtückische und penetrante Programmierung aufzeigen, die dich infiziert hat und die allem zugrunde liegt. (Oder, anders ausgedrückt, die Gründe dessen aufdecken, was dein selbstzerstörerisches Verhalten antreibt.)

Bist du ein Babyboomer? Dann bist du mit Fernsehsendungen wie *Die Beverly Hillbillies* aufgewachsen. Die Annahme, die dieser Sitcom zugrunde liegt, bestand darin, wie hochmütig, aufgeblasen und lächerlich die reichen Leute wie Mr. und Mrs. Drysdale waren. Und wie nett, freundlich (und wie letztendlich viel weiser) der arme Jed Clampett und seine Familie wären. (Natürlich waren die Clampetts in dieser Serie das Äquivalent zu den heutigen Dot-Com-Milliardären. Aber die Memes funktionierten perfekt, weil sie den Glauben nährten, dass nur arme Menschen tugendhaft genug seien, um mit dem Reichsein umzugehen).

Dann war da noch *Gilligans Insel*. So ziemlich der gesamte Handlungsstrang bestand aus den ständigen kulturellen Unterschieden zwischen den guten, vernünftigen armen Leuten wie Gilligan, Mary Ann, dem Professor und dem Skipper einerseits sowie andererseits dem absurden und unverschämten Verhalten des wohlhabenden Thurston Howell III. und seiner Frau Lovey (dumme reiche Leute, die Hunderttausende von Dollar in bar und mehrere Kleider zum Wechseln für eine Kreuzfahrt einpackten, die eigentlich nur drei Stunden dauern sollte).

Eine weitere ikonische Show dieser Zeit war *M.A.S.H.* – auch hier haben wir die guten Jungs, Hawkeye und Trapper John. Sie mussten einen pompösen, wohlhabenden Begleiter wie Charles Emerson Winchester III. im Zelt ertragen, der den selbstgebrannten Schnaps nicht trinken wollte und Aktivitäten reicher Leute, wie etwa das Anhören von Opern, bevorzugte. (Man beachte, wie in beiden Shows bei Howell und Winchester der Namenszusatz „der III." verwendet wurde, um zu zeigen, wie gestelzt und protzig reiche Leute sind. Ähnlich wie die Dynamik in Green Acres, einer anderen Serie dieser Ära. Der Protagonist Oliver Wendell Douglas verlässt New York mit seiner kaum zufriedenzustellenden Frau, um Landwirt zu werden. Dabei fährt er mit einem Lincoln Continental Cabrio auf der Farm herum und erledigt seine Aufgaben im dreiteiligen Anzug).

Von Serien wie diesen kamen wir in eine Zeit, in der die nächsten großen Hits *Dallas* und *Denver-Clan* hießen. Denk daran, wie die steinreichen Leute in diesen Serien dargestellt wurden. Was war die zugrundeliegende Programmierung für dein Unterbewusstsein? Tatsächlich waren die Geistesviren, die in diesen beiden Produktionen gegen Geld und reiche Menschen eingesetzt wurden, so intensiv, dass beide Serien nach der Jahrtausendwende von Neuem besetzt und erneut produziert wurden.

Die zugrundeliegende Dynamik in diesem Spiel ist folgende: Je mehr eine Fernsehsendung (ein Film, ein Buch usw.) die in dir programmierten Gehirnviren anspricht, umso mehr wirst du diese Sendung (den Film, das Buch usw.) lieben. Das Meme verbindet sich mit dir auf einer emotionalen Ebene. Und es erlaubt dir, dich tugendhaft zu fühlen, weil du arm und zum Opfer geworden bist.

Wenn du J.R. Ewing, Bobby Axelrod oder einen anderen superreichen Charakter siehst, der lügt, betrügt und stiehlt – dann sagst du dir (unterbewusst), dass du froh und stolz bist, nicht zu diesen bösen, unmoralischen und unerträglichen reichen Leuten zu gehören.

Oh, und vergiss nicht all die Songs auf deiner iTunes- oder Spotify-Playlist …

Er hat Grundbesitz im Süden von Savannah
Und ein Hochhaus in der City von Atlanta
Ihm gehört der halbe Staat von Georgia …
Vor ihr läge ein Leben in seiner Villa
Er würde ihr die Welt auf einem Silbertablett zu Füßen legen
Und alles, was ich bieten konnte, war der Mond.

„Und alles, was ich bieten konnte, war der Mond." Oh, verdammter Dreck …

Wenn du ein Fan von Country-Musik bist, kennst du diesen Text aus „The Moon Over Georgia", einem großen Hit von Shenandoah. Inzwischen solltest du verstehen, dass es so gut wie unmöglich ist, dass ein Song mit einem solchen Text kein Hit wird. (Wenn du kein Country-Musik-Fan bist und dir der Text trotzdem bekannt vorkommt, liegt das daran, dass dieses Thema der Handlungsstrang von 97 Prozent aller romantischen Filme ist, die jemals gedreht wurden.)

Wenn du mehr Beispiele für die Programmierung geistiger Viren in Songtexten brauchst, dann sieh dir die Billboard Top-Ten-Songs in jeder Kategorie aus jedem Jahr seit Beginn der Liste an. Oder, wenn du Zeit sparen willst, dann überprüfe – wie ich bereits sagte – einfach die Playlist auf deinem Smartphone. Ich verspreche dir, sie ist voller Songs die negative Memes enthalten. Als ich aufwuchs, war mein Lieblingslied „Share the Land" von The Guess Who. Ich liebe dieses Lied immer noch. Aber wenn ich heute an den Text zurückdenke, frage ich mich, ob er von Bernie Sanders oder Fidel Castro geschrieben wurde.

Jede Kategorie der Unterhaltung, die du konsumierst – ob Opern, Seifenopern, Musik, Videospiele, Filme, Fernsehen, Bücher, Kreuzworträtsel oder Theaterstücke – ist mit negativen Gedankenviren über Geld und Reichtum infiziert worden. Und das geht bis heute immer so weiter ...

Ich habe mit Spannung auf die HBO-Serie Succession gewartet. Sie rühmte sich mit einem faszinierenden Trailer einiger erstaunlicher schauspielerischer Talente, also fügte ich sie meinem TiVo-Programm hinzu. Ich sah zweieinhalb Episoden, schaltete sie aus und löschte alle Aufnahmen. Die Serie enthält so viel negative Programmierung, dass ich meinem Unterbewusstsein keine weitere Minute davon zumuten wollte. Aber mir war damals schon bewusst, dass die Serie für den Sender ein riesiger Hit werden würde. Denn der gesamte Fokus jeder einzelnen Folge ist darauf ausgerichtet, reiche Menschen als verachtenswerte Arschlöcher darzustellen.

Wenigstens einige reiche Leute wurden bei Serien wie Dallas und Denver Clan als die Guten dargestellt (z.B. Bobby Ewing). In den Episoden von Succession, die ich gesehen habe, gab es keine solche Nuance. Buchstäblich jede einzelne reiche Persönlichkeit in der Serie wurde als geldgieriges, seine Seele verkaufendes, böses, gemeines, hinterhältiges Wiesel dargestellt – ohne den geringsten Anflug einer erlösenden Tugend.

Eine weitere aussagekräftige Demonstration davon, wie mächtig all die Geistesviren sind, die unsere Kultur beeinflussen, zeigt sich, wenn man sich ansieht, welche Filme zu weltweiten Kassenschlagern werden ...

Ich konnte nur kichern, als ich von einem chinesischen Studio las, das einen Film in der ersten Woche aus den Kinos nahm, weil er gefloppt war. Angeblich haben sie 100 Millionen Dollar für den Film ausgegeben und er hat nur 7 Millionen Dollar eingespielt. Hätten sie mir das Drehbuch zusammen mit einem Scheck über 5.000 Dollar geschickt, hätte ich ihnen den Verlust dieser ganzen Kohle ersparen können. Diese Fähigkeit besitze ich nicht deshalb, weil ich eine Wahrsagerin auf der Astralebene anrufe. Das Ganze hat nichts mit Hellseherei zu tun. Um herauszufinden, ob ein Buch, eine Fernsehserie oder ein Film den Durchbruch schafft, muss man nur wissen, ob hierin die einschränkenden Glaubenssätze (Memes) der Mehrheit der Menschen bedient werden oder nicht. Wenn das Drehbuch einen Handlungsstrang enthält, in dem sich reiche Leute dumm oder unmoralisch verhalten – oder ein gieriger Konzern die Sicherheit der Welt bedroht, um zusätzliche Profite herauszuquetschen – dann ist dir ein Kassenschlager garantiert.

Als der Film *Crazy Rich Asians* in die Kinos kam, gab es in der asiatischen Gemeinschaft große Nervosität. Da es sich um den ersten amerikanischen Film mit großem Budget und einer komplett asiatischen Besetzung handelte, waren die Leute besorgt, dass der Film ein Flop werden könnte. Und, dass die alte Denkweise in Hollywood – eine Minderheitenbesetzung könne keine starken Einspielergebnisse erzielen – weiter aufrechterhalten würde. Aber diese Sorge war völlig unberechtigt. Es handelt sich einfach nur um *Die Flodders* mit Sojasoße und wird mit Sicherheit ein Publikumsliebling sein. (Natürlich hat es nicht geschadet, dass Michelle Yeoh in der Hauptrolle zu sehen ist, eine der gefragtesten asiatischen Schauspielerinnen der heutigen Filmwelt).

Die in der popkulturellen Unterhaltung zugrundeliegenden Gedankenviren sind so vorhersehbar und formelhaft, dass sie einem, sobald man die Muster entdeckt hat, den Spaß für immer verderben. (Wenn du tiefer in das Thema eintauchen möchtest, dann lies die Buchreihe *Save the Cat!* von Blake Snyder. Sei jedoch gewarnt, dass du anschließend den Ablauf fast jeden Buches oder Films innerhalb der ersten fünf Minuten durchschauen wirst.) Du glaubst mir nicht?

Ist dir klar, dass es sich bei Ridley Scotts Sci-Fi-Meisterwerk *Alien*, Spielbergs Thriller *Der weiße Hai* und *Jurassic Park* – drei rekordverdächtige weltweite Kassenknüller, die von zwei brillanten Regisseuren gedreht wurden – eigentlich in allen Fällen um denselben verdammten Film handelt?

Die Handlung aller drei Geschichten ist dieselbe zeitlose Nummer: Ein Monster läuft Amok, versucht, jeden Menschen in einer zusammenhängenden

Gemeinschaft umzubringen und viele unschuldige Menschen werden sterben. Denn irgendwo hinter den Kulissen gibt es böse, gierige, reiche Leute, die an der Tragödie Geld verdienen werden. Wenn man die Texte nimmt und die Charaktere austauscht, sind alle drei Drehbücher komplett austauschbar.

In *Alien* gibt es den gierigen Konzern, der das Monster aus Profitgründen zurück auf die Erde bringen will. In *Der weiße Hai* hatten wir die Behörden, die den Strand nicht schließen wollen, weil sie die Einnahmen aus dem Sommertourismus nicht verlieren möchten. Dann haben wir in *Jurassic Park* eine weitere unmoralische Biotech-Firma, die lieber Menschen von Dinosauriern fressen lässt, als auf die Einnahmen des Freizeitparks zu verzichten. (Dies wird auch der Handlungsstrang für den Blockbuster-Film Covid-19 Pandemic sein, der pünktlich zu Weihnachten 2026 erscheint.

Das zugrundeliegende Meme aller drei Filme ist, dass unschuldige arme Menschen sterben, weil doppelzüngige reiche Leute noch reicher werden wollen. (Hier eine lustige, aber verwandte Tatsache: *Alien* spielt auf einem Raumschiff namens *Nostromo*. Regisseur Ridley Scott wählte diesen Namen als Hommage an Joseph Conrads gleichnamigen Roman von 1904. Ein Roman über ... Gier.)

Wenn du ein Drehbuch über ein gruseliges Monster schreibst, das Menschen auffrisst, gelingt dir wahrscheinlich ein profitabler Teenager-Horrorfilm. Aber wenn du eine Nebenhandlung einflechten kannst, die suggeriert, *dass der einzige Grund, warum Menschen sterben, derjenige ist, dass es ein reiches Individuum oder ein Unternehmen gibt, das von dem Gemetzel profitiert* – dann hast du plötzlich Kassengold. (Solltest du ein erfolgreicher, gefragter Drehbuchautor werden wollen, folge dieser Formel, und jedes Filmstudio in Hollywood, Bollywood und Hongkong wird denken, du hättest das goldene Händchen für Drehbücher. Agenten werden barfuß über Glasscherben laufen und darum betteln, dich vertreten zu dürfen).

Anmerkung: Hier ist ein guter Zeitpunkt, um ein kleines Schmuckstück darüber einzuschmuggeln, wie all diese zeitlosen Literaturthemen auf nachvollziehbare Weise auf dich, dich und dich zutreffen. Eines der Mantras, das jeder große Drehbuchautor und Geschichtenerzähler kennt, ist:

Stillstand = Tod

Hiervon habe ich zum ersten Mal von Steven Pressfield, dem Autor und Autorencoach, gehört. Eine Sache, die jede Geschichte zum Rohrkrepierer macht, ist, wenn alles ständig gleichbleibt. Vom Einstiegsmoment bis zum Schluss muss es große Änderungen geben. Es muss eine Transformation stattfinden. Denn wenn Bilbo Beutlin auf Gandalf trifft und sich nichts ändert, wenn Jason das Goldene Vlies sucht, aber derselbe bleibt, wenn Luke sich Obi-Wan anschließt, aber kein Jedi wird, wenn die langweilige Tussi einfach nur den reichen Typen heiratet – dann gibt es keine Geschichte. Das Element „Stillstand = Tod" ist der „Moment der Verwandlung" in jeder Geschichte, in dem die Heldin erkennt, dass sie „sterben" wird, wenn sie sich nicht ändert.

Genau wie unsere anderen Helden wirst auch du dich verändern müssen. Du musst bereit sein, dein altes Ich sterben zu lassen.

Die Zuhörer in meinen Seminaren schnappen jedes Mal nach Luft, wenn ich ihnen sage, dass der Film Titanic der bösartigste Film ist, der je gemacht wurde. Dieser Streifen ist für viele Menschen ein Lieblingsfilm, von dem sie glauben, dass er sie bewegt hat, weil es sich um eine schöne Liebesgeschichte handelt. Wenn ich ihnen dann sage, dass sie, je mehr sie den Film geliebt haben, umso mehr an einer Anti-Wohlstandsüberzeugung leiden, sind sie schockiert.

Du liebst *Titanic* nicht, weil es eine Liebesgeschichte ist. Vielmehr hast du zugelassen, dass du emotional manipuliert wurdest, um so etwas glauben zu können. Doch das ist nicht der Grund, wodurch die Verbindung zu dir tatsächlich entstanden ist. Diese emotionale Verbindung kommt in erster Linie durch ein anderes, extrem verbreitetes Meme: unerwiderte Liebe. Und das ist ein weiterer dieser Gedankenviren, die seit buchstäblich Tausenden von Jahren, über Generationen hinweg weitergegeben werden. (Und ein weiteres dieser Memes in deinem Unterbewusstsein, das dazu führen kann, dass du deinen Wohlstand selbst sabotierst.)

Das Meme der unerwiderten Liebe ist so mächtig, weil es von der Überzeugung „Ich bin es nicht wert" angefeuert wird. Nicht in der Lage zu sein, das Leben mit derjenigen Person zu teilen, die man liebt, ist das ultimative Opfer. Und eine Demonstration mangelnden Selbstwertgefühls. Du denkst jetzt vielleicht, dass ich unmöglich andeuten kann, dass du deine Beziehungen oder deine Ehe ruiniert hast, weil du mit dem Virus der unerwiderten Liebe infiziert bist. Aber das ist durchaus möglich. (Mehr dazu folgt später, wenn wir zum Meme der „Heldenreise" kommen.) Hier sind einige exzellente Beispiele in der Literatur für das Meme der unerwiderten Liebe:

Love Story

Tosca

Sturmhöhe

Don Quijote

Fiesta – zwischen Madrid und Paris

Cyrano von Bergerac

Vom Winde verweht

Madame Butterfly

Les Misérables

Romeo und Julia

Der große Gatsby

Und wir haben noch nicht einmal Éowyn und Aragorn in *Der Herr der Ringe*, Laurie und Jo in *Little Women*, Stevens und Miss Kenton in *Was vom Tage übrig blieb*, Olivia und Orsino in *Shakespeares Was ihr wollt*, den armen Quasimodo in *Der Glöckner von Notre-Dame*, Jacob und Bella in der *Twilight Saga* und Severus Snape und Lily Evans-Potter in *Harry Potter* erwähnt. Ganz zu schweigen davon, dass Rey in *Star Wars* lediglich einen Kuss bekommt, bevor sie Kylo Ren/Ben Skywalker an die Energie der Macht verliert. Sogar die gottverdammten Peanuts-Comics triefen von diesem tragischen Meme. (Charlie Brown liebt das kleine rothaarige Mädchen, Peppermint Patty liebt Charlie, Sally liebt Linus, aber Linus liebt seine Lehrerin und Lucy liebt Schroeder, der es liebt ..., einfach nur Musik von Beethoven zu spielen.)

Doch die zeitlose unerwiderte Liebe stellt nur die Spitze des Eisbergs (bissiges Wortspiel beabsichtigt) dar, warum Millionen Menschen *Titanic* verehren. Der andere Grund ist, dass praktisch jede Szene des Films, Ebene für Ebene, mit negativen unterschwelligen Memes über Geld und reiche Leute durchtränkt ist.

Die erste Szene beginnt mit dem Bohemien und Vagabunden Jack Dawson. Und warum ist Jack so glücklich? Weil er pleite ist. Ein Typ wie er muss sich keine Sorgen machen, dass der Bentley einen Platten bekommt, der Butler sich krankmeldet oder dass die Kosten für die Wartung des Privatjets so hoch sind. Er hat nichts zu verlieren, lebt einfach in den Tag hinein und wird beim Kartenspiel mit dem Gewinn der Kreuzfahrt belohnt. Was ist die unterschwellige Botschaft? Arme Menschen sind fröhlich und unbekümmert.

In Szene 2 lernen wir Rose kennen. Rose ist definitiv nicht glücklich, sie ist sogar verdammt unglücklich. Warum? Weil ihre Mutter für sie eine Ehe mit Cal Hockley arrangiert hat, einem herzlosen und kontrollierenden Idioten, der das Stahlvermögen seines Vaters erben wird. Was ist die unterschwellige Botschaft? Für Geld verkauft man seine Seele.

Erinnerst du dich an die Szene im Speisesaal der ersten Klasse? Die unglückliche Rose ist mit Cal und all den langweiligen Society-Leuten bei der Mahlzeit gefangen. Es gibt Cognacschwenker, Zigarren,

Champagner und Leute, die wissen, wie man die vierte kleine Gabel auf der linken Seite benutzt. Während die aufgeblasenen Reichen vor sich hin plappern, malt sich Rose ihr zukünftiges Leben in Verzweiflung aus. Was ist die unterschwellige Botschaft? Reiche Leute haben keinerlei Freude.

Dann spricht Jack die unglückliche Rose an und nimmt sie mit hinunter in die dritte Klasse, wo man weiß, wie man feiert. (Man beachte, es konnte nicht einmal die zweite Klasse, es musste die dritte sein.) Dort unten sind die Leute fröhlich und heiter, singen und tanzen und leben das Leben in vollen Zügen. Was ist die unterschwellige Botschaft? Mit armen Leuten hat man eine Menge Spaß.

Dann rammt das Schiff einen Eisberg und was passiert nun?

Die armen Leute sind buchstäblich im Inneren des Schiffes gefangen, während die reichen Leute in den Sonnenuntergang rudern. Die Reichen kämpfen darum, in die Rettungsboote zu kommen, und Cal stiehlt ein Baby, als er versucht, sich in der Reihe an einer Frau vorbeizudrängen. Was ist die unterschwellige Botschaft? Reiche Leute sind verachtenswerte, herzlose Tiere.

Jetzt spulen wir acht Jahrzehnte vor …

Rose ist nun 101 Jahre alt und wird von ihrer Enkelin gepflegt. Sie hat immer noch den unschätzbaren blauen Diamanten, den Cal ihr geschenkt hat. Sie könnte ihn ihrer hart arbeitenden Enkelin schenken und ihr eine Lebensperspektive bieten, aber was tut sie? Sie verfüttert ihn an die Haie. Was ist die unterschwellige

Botschaft? Wenn du reich bist, solltest du dich einfach gleich erschießen.

Stufe um Stufe um Stufe werden wir hier einer Gehirnwäsche mit negativen Gedankenviren über Geld und reiche Menschen unterzogen. Und genau das ist der Grund, warum *Titanic* der umsatzstärkste Film aller Zeiten wurde.

Zumindest bis Cameron sein nächstes Meisterwerk, Avatar, abgedreht hatte. Welches anschließend die weltweiten Einnahmen von *Titanic* übertrumpfte. Und was, bitteschön, war der Handlungsstrang von *Avatar*?

Vertreter eines bösen, gefräßigen Konzerns reisen in die üppige Welt von Pandora, wo sie das einheimische Volk der Na'vi vertreiben oder ausrotten und die wertvollen Bodenschätze des Planeten plündern wollen. Um die Memes perfekt zu machen, ist der Protagonist, Jake Sully, querschnittsgelähmt und sitzt im Rollstuhl. Wir erfahren, dass eine Wirbelsäulenverletzung wie die seine mit genügend Geld behoben werden kann. Wenn er bereit ist, die Na'vi zu verraten, finanzieren ihm die bösen Konzernherren eine Operation, damit er wieder laufen kann. Die Handlung erfüllt genau die formelhaften Kriterien, um zu einem Popkultur-Phänomen zu werden. (Was auch der Fall war.) Das Monster (in diesem Fall die Marine-Einheit) tötet die Bewohner, und das Ganze geschieht in einer zusammenhängenden Gemeinschaft (der Welt von Pandora), damit ein gieriger Konzern mehr Geld verdienen kann.

Gib dir selbst zusätzliche Bonuspunkte, wenn du gerade erkannt hast, dass Avatar genau der gleiche Film wie Alien, Der weiße Hai und Jurassic Park ist ...

Wir lieben Geschichten – ob Märchen, Bücher, Theaterstücke, Opern, Fernsehsendungen oder Kassenschlager-Filme –, die uns erlauben, reiche Menschen zu hassen. Denn das gibt uns eine Entschuldigung für unser eigenes Versagen. Und entbindet uns von unserer persönlichen Verantwortung.

Die Sekunde, in der ich Succession abschaltete, war, als der Patriarch seinen Enkel ohrfeigte. Es war der Höhepunkt eines Handlungsstrangs, in dem die getrenntlebenden Eltern des Kindes darüber stritten, wie sie es erziehen sollten, weil sie natürlich versuchten, die Kindererziehung bei ihrem gierigen, hinterhältigen und rücksichtslosen Streben nach Reichtum auch noch irgendwie unterzubringen. Menschen lieben solche Szenen, weil sie sich dann sagen können: „Du kannst nicht beides sein, ein guter Vater und gleichzeitig auch noch ein erfolgreicher Mensch. Du musst dich für eines von beidem entscheiden. Ich bin froh, dass ich zu den edlen, armen Menschen gehöre, denn das bedeutet, dass ich eine gute Mami (ein guter Daddy) bin."

Wir lieben es, teuflische Konzerne in Geschichten wie *Alien, Avatar, Billions* und *Mr. Robot* zu sehen. Weil diese Abläufe nach Schema-X genau den Geistesvirus nähren, dass man die Umwelt vergewaltigen, den Planeten plündern und brandschatzen und/oder unschuldige Menschen ausbeuten muss, um im Geschäftsleben erfolgreich zu sein. Dann können wir uns sagen: „Hier ist der Grund dafür, weshalb mein Geschäft gescheitert ist. Ich war nicht bereit, Menschen zu verletzen und meine Seele zu verkaufen."

Das ist der Grund, warum du es liebst, reiche Leute zu hassen ...

Reiche Menschen zum Feind zu erklären, hilft dir dabei, all deine Unsicherheiten, Ängste und dein geringes Selbstwertgefühl hinter einem Schutzschild zu verstecken. Du kannst dir einreden, dass deine Einschränkungen und Misserfolge in Wirklichkeit Ehrenabzeichen sind, die zeigen, was für ein erhabener Mensch du bist. Doch der vernichtende Nebeneffekt bei dieser Sache ist, dass du dein Selbstwertgefühl dezimierst. Du hörst auf, große Träume zu haben und gibst dich mit einem Leben in Mittelmäßigkeit zufrieden. (Und falls du dich gerade fragst ... ja, man kann reiche Menschen auch dann hassen, wenn man selbst einer von ihnen ist. Wohlhabend zu sein, kann ein gefundenes Fressen für Schuldgefühle, Unwürdigkeit und Selbsthass darstellen).

Die Datasphäre liefert dir das gesamte Rohmaterial, das du brauchst, um dein ganzes Leben lang ein Opfer zu bleiben. Wahrscheinlich arbeitest du auf deiner bewussten Ebene wie wild daran, wohlhabend zu werden. Und gleichzeitig unterwanderst du deine eigenen Bemühungen aufgrund deiner unterbewussten Selbstsabotage-Programmierung.

Aber wir haben noch ein weiteres zeitloses und universelles Meme zu erforschen ...

Das Meme der „Heldenreise". Ein weiterer Geistesvirus, der dich mit ziemlicher Sicherheit dazu bringt, deine Gesundheit, dein Glück und deinen Erfolg selbst zu sabotieren.

Die Heldenreise ist ein weiterer Archetyp, der uns im Geschichtenerzählen – und in der

Selbstsabotage – seit Tausenden von Jahren begleitet. Die Grundaussage der Heldenreise ist, dass eine durchschnittliche Person (der Auserwählte) mit einer außergewöhnlichen Herausforderung konfrontiert wird. Zunächst lehnt er oder sie die Herausforderung ab, hat dann eine „Stillstand = Tod"-Erkenntnis, nimmt die Herausforderung/Reise an, findet einen Führer oder Mentor und siegt schließlich. Wir lieben Heldenreisegeschichten, weil wir uns in die Rolle des Protagonisten hineinversetzen und uns selbst als den edlen, kleinen spirituellen Kerl (oder das Mädchen) sehen können, der/das gegen die Macht des Bösen kämpft.

„Das Schicksal führt den, der will; den, der nicht will, schleppt es."

– Joseph Campbell

Und wenn wir die ständig wiederholten und formelhaften Storys in den Heldenreisegeschichten analysieren – und erkennen wollen, wie sie sich wieder einmal auf dich, dich, dich beziehen –, dann beachte dies: Normalerweise erlebt der Held etwa in der Mitte der Geschichte einen Tod und eine Wiedergeburt – manchmal wörtlich, manchmal im übertragenen Sinne –, die seine Transformation für immer und ewig zementiert. Du findest dieses Thema von Tod und Wiedergeburt in der antiken Mythologie, bei Jesus im Neuen Testament, in den Comics aus den 50er Jahren, in Puccini-Opern aus dem 19. Jahrhundert, in Bestseller-Romanen aus den 70ern und in den Kassenschlager-Filmen von heute. Hier sind einige Beispiele aus der Popkultur-Literatur für die angewandte Formel der Heldenreise:

Der König der Löwen

Batman

Fight Club

Beowulf

Tron

Die Narnia-Chroniken

Moses

Findet Nemo

Conan, der Barbar

Homer's Odyssee

Star Trek (The 2009er Version)

Wer die Nachtigall stört

Matrix

Moby Dick

Iron Man

Der Hobbit

Star Wars

Ender's Game – das große Spiel

Der Herr der Ringe

Harry Potter

Jane Eyre

Die Tribute von Panem

Avatar

Huckleberry Finn

Dune – der Wüstenplanet

Der Zauberer von Oz

Das sind diejenigen, die mir auf die Schnelle in den Sinn kommen. Es gibt buchstäblich Millionen, aus denen man wählen kann. (Weitere Bonuspunkte erhältst du, wenn du bemerkt hast, welche Geschichten es sowohl auf die Waisen- als auch auf die Heldenreise-Liste geschafft haben. Dann beginnst du auch, langsam zu erkennen, wie die emotionale Manipulation durch Geistesviren wirklich funktioniert).

Und nun lass uns erforschen, wie deine Liebe zu Heldenreisegeschichten in deinen Kindertagen zur Selbstsabotage in deinem Erwachsenenalter umschlagen konnte ...

Nehmen wir an, du wirst, wie Millionen andere, mit dem „Ich bin nicht würdig"-Meme infiziert. Sobald du dich davon anstecken lässt – in der Regel geschieht das unbewusst – bist du zur Selbstsabotage verdammt, weil du nicht glaubst, dass du Glück und Erfolg verdient hast. Wenn du dann aber doch anfängst, Glück und Erfolg zu erreichen, wirst du dich unbewusst schuldig fühlen. (Das ist eine der Hauptursachen für das Hochstapler-Syndrom – die Situation, in der du denkst, dass dich alle nur für einen Schwindler halten.) Die Wurzel all deiner Verhaltensweisen wird von diesem Punkt an nur auf deinem geringen Selbstwertgefühl beruhen. Oder, emotional ausgedrückt: Du fühlst dich unwürdig und willst dich unbedingt wertvoll fühlen.

Dies führt zu allem möglichen seltsamen und dysfunktionalen Verhalten. Eine der verrücktesten Sachen, die ich hierzu oft erlebe, ist, wie sich Menschen unbewusst auf den Weg machen, um für sich selbst eine noch heldenhaftere Heldenreise zu erschaffen.

In meinem Coaching-Programm habe ich mit Menschen gearbeitet, die ihre Ehen ruiniert, erfolgreiche Unternehmen in den Bankrott getrieben oder es auf andere Weise geschafft haben, einen offensichtlichen Sieg doch noch in eine Niederlage zu verwandeln. Weil sie unbewusst versuchten, eine noch heldenhaftere Geschichte zu erschaffen, um ihr Gefühl der Unwürdigkeit zu lindern.

Du glaubst unbewusst, dass du, wenn du nicht nur einmal, sondern zweimal einen Bankrott überwindest – oder nicht nur die dritte, sondern auch die vierte Krebserkrankung besiegst oder deine Kündigung überlebst, das Ableben deines Hundes erträgst, ein Meteorit auf deinem Auto landet und das Haus abbrennt, alles in derselben Woche – dass du es dann endlich verdienst, geliebt zu werden und dich selbst zu akzeptieren. Aber wenn du nicht die negativen Glaubenssätze ausgemerzt hast, die dazu geführt haben, dass du all diese Traumata und Dramen manifestierst, wird alles umsonst gewesen sein.

Die Datasphäre hat noch lange nicht damit abgeschlossen, deine Gedanken zu kontrollieren und dein Leben zu lenken. Denn es gibt Kräfte, die diese Datasphäre nutzen, um deine Ängste gegen dich einzusetzen. Als Nächstes kommt ...

Kapitel 4

Alexa und Siri verfolgen dich …

ICH HOFFE, du akzeptierst nun, dass dich Bildungssysteme, Regierungen und organisierte Religionen – ob unbeabsichtigt oder nicht – seit deinen prägenden Jahren mit einigen äußerst schädlichen Geistesviren infiziert haben. Die Datasphäre hat diesen Prozess zusätzlich in einer Weise beschleunigt, die es in der Geschichte der Menschheit noch nie gegeben hat. Und sicherlich kann man dir nachsehen, wenn du einen unbewussten Krieg geführt hast. Einen Krieg, der sich zwischen deinen bewussten Träumen, Zielen und Wünschen und deinen unbewussten Ängsten, einschränkenden Glaubenssätzen und Selbstsabotageprogrammen abspielt. Doch jetzt bist du dir dieses inneren Krieges bewusst. Das erhöht die Chancen auf deinen Sieg deutlich. Aber du darfst jetzt nicht nachlassen …

Denn es gibt Kräfte, die die Datasphäre wissentlich und absichtlich nutzen, um deine Ängste, Zweifel und Unsicherheiten gegen dich einzusetzen.

Diese andere Dimension des Krieges um dein Unterbewusstsein wird nicht willkürlich oder zufällig geführt. Hier sind keine Organisationen am Werk, die einer Gehirnwäsche unterzogen und parasitiert wurden und nun unwissentlich irgendwelche Memes an dich aussenden. Diese Kräfte wissen genau, was sie tun. Und sie wissen auch, warum sie es tun. Diese gefährlichen Kräfte sind darauf aus, all die Ängste, Zweifel und Unsicherheiten zu erkennen, die du als Kind übernommen hast. Um sie nun, wo du zu einem erwachsenen Menschen geworden bist, gegen dich als Waffen einzusetzen. Denn mittlerweile besitzt du potenziellen Einfluss, Macht und verfügbares Einkommen.

Du bist ein wertvolles Ziel geworden.

Um zu sehen, wie das funktioniert, müssen wir erneut zwei unserer ursprünglichen Schuldigen ins Visier nehmen: Regierungen und organisierte Religionen. Beachte, dass beide in manchen Fällen vereint sind, wie z.B. in Theokratien. Das macht sie noch um ein Vielfaches gefährlicher. Denn diesen Institutionen erlaubt die Datasphäre noch größere Möglichkeiten der Propaganda, der Fehlinformation und Manipulation. Gleichzeitig entsteht hierdurch auch eine weitere neue Bedrohung: die eine Gruppe nutzt die Memes der anderen Gruppe.

Zum Beispiel haben Regierungen jetzt erkannt, dass sich die Datasphäre nutzen lässt, um religiöse Memes zu verwenden, sodass sie dich besser manipulieren können. Eines der gängigen religiösen Memes ist es, der Auserwählte oder das auserwählte Volk zu sein. Regierungen in islamischen Ländern nutzten häufig die Angst vor anderen Religionen, um ihr Volk zu kontrollieren. Die Datasphäre gibt ihnen nun Möglichkeiten, dies noch effektiver zu tun, als sie es in der Vergangenheit konnten. Und jetzt können sogar diejenigen Regierungen deine Ängste ausnutzen, in denen Religion und Herrschaft voneinander getrennt sind.

Ein Beispiel sind Politiker in den USA und Großbritannien, die gezielt antimuslimische und einwandererfeindliche Angriffe schüren. Im Jahr 1963, als Gouverneur George Wallace zu verhindern versuchte, dass die Rassentrennung in Schulen beendet wird, verfolgte er noch ein vergebliches Ziel. Doch im Jahr 2020, als Präsident Trump seine 80 Millionen Follower per Twitter anschrieb, Mexikaner verunglimpfte und vorschlug, dass muslimische Kongressabgeordnete dorthin zurückgehen sollten, wo sie herkommen – hat er für ein Ausmaß an Hass und Angst gesorgt, von dem der damalige Gouverneur noch nicht einmal träumen konnte. Ich weiß, die meisten Leute werden sauer, wenn ich das sage, aber wir Menschen haben bei allem eine gewisse Voreingenommenheit. Wir sind physiologisch dazu vorgeprägt, falsche Informationen zu glauben und von ihnen beeinflusst zu werden. Und die Technologie, welche die Datasphäre ermöglicht und vorantreibt, macht dies wahrscheinlicher als je zuvor.

Wenn du vor vierzig Jahren ein weißer Rassist, Antisemit oder ein Mitglied einer anderen Hassgruppe warst, konntest du vielleicht irgendwo ein Treffen von 11 Leuten in einem Keller einberufen, oder sogar 300 Personen in einem Tagungsraum versammeln. Aber heute kann man über eine Online-Konferenz oder über ein Message-Board sofort Zehntausende anderer Menschen erreichen, die zu den gleichen Vorurteilen neigen. Es gibt Meinungsmacher im Kabelfernsehen, Blogger und YouTuber, die innerhalb weniger Minuten Fehlinformationen oder manipulative Nachrichten an Millionen von Menschen verbreiten können.

Ein Teil des Ganzen geschieht freiwillig: Du entscheidest dich dafür, dich mit diesen falschen oder schädlichen Informationen zu infizieren, indem du deine Informationsquellen selbst wählst. Doch nun setzen Regierungen diese scheinbare Freiheit als Waffe gegen dich ein. Jede größere Regierung auf der Welt hat heutzutage Tausende von Menschen – sowohl im militärischen als auch im zivilen Bereich, die an Medienmanipulation, Fehlinformation, Propaganda und Wahlbeeinflussung arbeiten. Deren Zielobjekte sind die Bevölkerungen in feindlichen Ländern, ihre Verbündeten und sogar ihr eigenes Land. Ja, wirklich.

Ein jeder Organismus braucht bestimmte Umweltbedingungen, um sich fortzupflanzen. In einem ähnlichen Sinne benötigen sowohl Religionen als auch Regierungen eine nährende Umgebung: Sie sind darauf angewiesen, dass du sie brauchst. Wenn du dich verloren oder allein fühlst, schwach oder krank, pleite oder verzweifelt – dann bist du das perfekte Ziel für Manipulation und mögliche Kontrolle. Und diese Leute werden die Datasphäre nutzen, um diese Kontrolle zu erlangen.

Unglücklicherweise gibt es noch eine weitere Armee von Soldaten, die daran arbeitet, dich zu manipulieren, zu beeinflussen und zu kontrollieren. Diese wissen noch besser als die Regierungen, wie man die gewaltige Macht der Datasphäre entfesselt …

Wir reden von den Vermarktern.

Wie schon Gary Vaynerchuk sagte: „Das Marketing ruiniert alles.“ Das ist genau das, was wir tun. (Ja, auch ich bin ein Vermarkter und schließe mich selbst in diese Gruppe ein.) Wir haben das Radio und das Fernsehen ruiniert, wir haben die Internetsuche ruiniert, wir haben E-Mail und SMS ruiniert, jetzt ruinieren wir auch noch Podcasts und die sozialen Medien. (Und wenn wir es nicht schaffen, die Plage der Robocalls zu beenden, werden wir bald auch die Mobiltelefone ruiniert haben).

Kennst du diese coolen Holzuhren von Jord, die ich manchmal auf meinem YouTube-Kanal trage? Die haben sie mir umsonst geschickt, weil ich ein Influencer (und natürlich auch verrückt nach Uhren) bin.

Was ist eigentlich mit den 10.000 Followern, die du auf Twitter hast? Mindestens 2.500 von ihnen sind Bots, also automatisierte Programme.

Und diese skurrile Instagram-Story, in der einer deiner Lieblingsfilmstars einigen Freunden mit seinem neuen Pickup-Truck beim Umzug hilft? Der Fahrzeughersteller hat ihm diesen Wagen und wahrscheinlich eine Menge Geld gegeben, damit er dieses Video postet, um dich zu beeinflussen.

Die Hälfte der Videos von lustigen Streichen, Hunden, die Kätzchen adoptieren, Tierrettungen und liebenswerten Kleinkindern, die du heute siehst, sind von Vermarktern gescriptet und inszeniert. Was du für zufällige Unterhaltungen in Podcasts, spontane Videos, empfohlene Links, eingängige Hintergrundmusik oder hilfreiche Anleitungen hältst, sind gekaufte und bezahlte, unerbittlich recherchierte, intensiv getestete und nachverfolgte Inhalte. Diese Inhalte werden im Auftrag von Unternehmen durch Werbeagenturen produziert. Diese erstellen Kampagnen, welche mithilfe einer Armee von Vermarktern kuratiert wurden, die wiederum Informatiker, Werbetexter und Psychologen beauftragt haben. Vermarkter stellen Wissenschaftler ein, die Menschen Elektroden umschnallen und ihre Augenbewegungen und Gehirnaktivitäten überwachen. Sie setzen Astrophysiker ein, die ihre Karriere bei der Erforschung des Kosmos aufgegeben haben, weil es sich besser bezahlt macht, Empfehlungsalgorithmen und Datenmodelle zu entwickeln, die dann vorhersagen und dir nahelegen, was du als nächstes kaufen sollst.

Nun integrieren sie auch künstliche Intelligenzen (KI), um dein Verhalten vorherzusehen. Noch bevor du weißt, was du tun wirst. Und wir haben noch nicht einmal angefangen, über synthetische Medien und Deep Fakes, also professionell gefälschte Bilder und Filme, zu sprechen. Wir haben bisher nur über die Memes gesprochen, mit denen du in Fernsehsendungen, Filmen und Büchern infiziert wirst. Wie viel effektiver wird die Gehirnwäsche erst sein, wenn die KI jede Geschichte an deine spezifische gedankliche Voreingenommenheit anpassen kann.

Jetzt, in diesem Moment passiert folgendes:

- Der Online-Lebensmitteldienst Instacart kann deine Einkaufshistorie auswerten, um zu wissen, ob du einen Schwangerschaftstest machen solltest. Noch bevor du es weißt.
- Die App deines Elektrorollers kann deine Fahrten zu Drogenhändlern, Stundenhotels und nächtlichen Treffen verfolgen, um dir ein Angebot für Kondome zu schicken.
- Deine Smartwatch könnte dich vor einem möglichen Herzinfarkt warnen und dein Leben retten. Und auch die genaue Sekunde kennen, in

der du am anfälligsten für ein Angebot bist, zu einem Fast-Food-Laden zu fahren.

- Amazon weiß, ob du schwul, hetero oder trans bist (auch wenn du das selbst nicht weißt) und hat ausreichendes Wissen über deine Fetische, um dir eine dieser „Amazon empfiehlt"-E-Mails für ein bestimmtes Sexspielzeug zu schicken.

Natürlich wird dir keiner dieser Vermarkter Angebote wie diese senden, denn:

1. Du wärst entrüstet und würdest wütend werden.
2. Diese Leute wollen nicht, dass du weißt, wie viel sie wirklich schon über dich wissen.

Ich habe dir bereits gesagt, dass Tortilla-Chips mit Käsearoma besser schmecken als echter Kürbis, weil sie gentechnisch optimiert werden. Sie sind auch gentechnisch mit genau der richtigen Menge an Hefe und Zucker hergestellt, um die ungünstigen Bakterien in deinem Verdauungstrakt zu füttern. Um hierdurch ein physisches Verlangen nach mehr zu erzeugen. (Das gleiche gilt für die „Light"-Limonaden, die du trinkst.)

Wahrscheinlich bist du darauf hereingefallen, dein Auto zu leasen, statt es zu besitzen. Und nun tauschst du es ein und refinanzierst den Betrag, den du noch schuldig bist. Die netten und freundlichen Kreditkartenunternehmen bieten dir einen Mindestzahlungsplan an, der – solltest du das Angebot annehmen – 40 Jahre zur Abzahlung benötigt. Oder du kaufst ein Haus und zahlst 186.511,57 Dollar Zinsen für einen Kredit in Höhe von 200.000 Dollar.

Du hast vielleicht schon den Begriff der Identitätspolitik gehört. Merriam-Webster definiert diesen als „Politik, in der Menschengruppen einer bestimmten rassischen, religiösen, ethnischen, sozialen oder kulturellen Identität dazu neigen, ihre eigenen spezifischen Anliegen zu fördern, ohne Rücksicht auf die Anliegen einer größeren politischen Gruppe zu nehmen". Aber die wirklich heiße Sache hieran ist, wie politische Parteien diese Informationen verwenden, um dich zu manipulieren. Denn diese Kampagnen werden nicht von politischen Idealisten geführt. Sondern von Vermarktern. Und so, wie es Identitätspolitik gibt, gibt es auch Identitätsmarketing.

Du wirst an jedem Tag in deinem Leben bewertet. Du wirst sexuell, politisch und finanziell bewertet. Du denkst, Alexa und Siri sind deine Freunde? Die schleimen sich nur ein, damit sie dir mehr Zeug verkaufen können. Die großen Marketingagenturen wissen mehr über dich als deine Mutter oder dein Ehepartner. Ja, wirklich.

Und wieder einmal werden die wichtigsten Schlachten dieses Krieges gegen Kinder geführt. Der Grund, warum du fünf Gläser oder Flaschen zuckerhaltiger Limonaden am Tag trinkst, besteht darin, dass du als Kind nach ihnen süchtig gemacht wurdest. Glaubst du, es wären Erwachsene gewesen, die nach all diesen süßen Geschmacksrichtungen für Vaping-Geräte schreien? Es gibt einen Grund, warum du nie eine Werbung für Zahnpasta, Waschmittel oder Frühstücksflocken auf FOX News Network sehen wirst. Weil die durchschnittliche Zuschauerschaft dieses Senders über 60 Jahre alt ist. Und diese Zuschauer haben ihre Kaufgewohnheiten für solche Produkte schon vor Jahrzehnten festgelegt. Ich kaufe seit mehr als 40

Jahren die gleiche Seife der Marke Zest. Und warum? Weil Menschen Angst vor Veränderungen haben.

Es gibt achtjährige Kinder, die noch nie ein Stück frisches Obst probiert haben, weil sie direkt von der Babynahrung auf Happy Meals umgestiegen sind. Und wenn man ihnen einen Apfel anbietet, würden sie ihn nicht essen, es sei denn, man streut Zucker drauf. Dafür kannst du dich bei den Vermarktern bedanken.

Du kannst dich auch bei den Vermarktern dafür bedanken, wenn du dumm genug warst, eine Esszimmer-Ausstattung zu kaufen, die nach drei Jahren immer noch nicht abbezahlt ist. Dafür, wenn du 15 Dollar zu viel für eine geschmacklose Wodka-Marke ausgegeben hast, 10 Kilo Körpergewicht zu viel mit dir herumträgst, kein einziges Kleidungsstück ohne Logo besitzt und generell von 125 Prozent deines Einkommens lebst.

Du kannst dich bei den Vermarktern bedanken, wenn du dich minderwertig fühlst, weil dein Nachbar ein größeres Auto fährt als du. Und du kannst dich bei den Vermarktern bedanken, wenn du ein Auto gekauft hast, von dem du glaubst, dass es einen höheren Status vermittelt als das deines Nachbarn. Vermarkter sorgen dafür, dass du dich minderwertig, unsicher und neurotisch fühlst – und verkaufen dir dann Haarverlängerungen, Brustimplantate und Nasenkorrekturen.

Das ist alles nichts Neues …

In den 1950er Jahren wollten die Tabakfirmen, dass du mehr Zigaretten rauchst. In den 1850er Jahren wollte dir P.T. Barnum Eintrittskarten für seinen Wanderzirkus verkaufen. In den 1750er Jahren begann die industrielle

Revolution, und die Regierungen verkauften dir, wie vorteilhaft es sei, von Beruf Fließbandarbeiter zu werden. Wir können noch weiter zurückgehen, bis wir bei 500 v. Chr. ankommen, als der Händler vor dem Höhleneingang Wolfspelze mit dem Angebot „Kaufe drei und bekomme das vierte Fell gratis" feilhielt. Vermarkter wollten dir schon immer etwas verkaufen. Und sie haben ständig versucht, dich zu manipulieren, damit du glaubst, dass du deine Kaufentscheidungen mit deinem rationalen Verstand treffen würdest. Doch heutzutage verfügen sie auch noch über die modernste Technologie, um dies mit verheerender Effizienz zu tun.

In Kapitel 1 habe ich dir gesagt, dass wir in einer Matrix leben. Das ist keine Verschwörungstheorie, denn es gibt hier von niemandem irgendeine Verschwörung. Die reale Matrix, in der du dich gerade befindest, war keine bewusste Erfindung von bösen Gruppierungen, um dich zu versklaven. Sie ist ein unbeabsichtigtes Zufallsprodukt, das durch die milliardenfache Anbindung des Internets und die damit verbundenen Technologien entstand. Das Internet zerstört die konventionellen Methoden des Marketings, des Verkaufs und des Einzelhandels, die wir seit vielen Jahrzehnten verwendet haben. (Beispielsweise, wie mobile Apps von Uber und Lyft die Taxibranche in Schutt und Asche legen, wie Zillow, Opendoor und Redfin das Immobiliengeschäft durcheinanderbringen und wie Streaming-Programme die Unterhaltungsindustrie erschüttern.) Dies führt dazu, dass sich Branchen entweder anpassen und weiterentwickeln oder schrumpfen und aussterben.

Ein Problem des Lebensmittelhandels sind die niedrigen Gewinnmargen. Deshalb haben clevere Marktführer in dieser Branche beschlossen, Blumenabteilungen, Feinkosttheken, Reformhaus-Abteilungen, und Cafés in ihre Läden zu integrieren. Das nimmt den Natur- und Feinkostläden, Blumengeschäften und Cafés den Umsatz weg. Die Naturkostläden wehren sich, indem sie Bier und Wein und gängige Markenartikel anbieten. Die Drogeriemärkte wehren sich, indem sie große Lebensmittelabteilungen in ihre Läden einbauen. Jeder kämpft in diesem Krieg, indem er zusätzliche Produktlinien und Dienstleistungen anbietet. Plötzlich verkaufen sogar Schönheitssalons Schmuck, Trainingskleidung und Diätessen.

Riesige Einzelhändler wie Walmart treten auf den Plan und werden zum neuen Todesstern. Sie konkurrieren, indem sie eine Vielzahl von Produkten verkaufen – von Lebensmitteln bis Kleidung, von Elektronik bis Reifen, von Filmen bis Wohnaccessoires, von verschreibungspflichtigen Medikamenten bis zu Sportartikeln, von Spielzeug bis zu Terrassenmöbeln. Sie wollen alles verkaufen, was jedes andere Geschäft auch verkauft, während sie die Online-Händler ins Visier nehmen. Amazon tritt als nächstes auf den Plan und wird zum Online-Todesstern. Und gleichzeitig nimmt dieses Unternehmen auch die stationären, also die Offline-Geschäfte, ins Visier. Und während die Einzelhändler den Krieg gegeneinander ausfechten, kommen Lieferdienste wie Instacart, Lieferando, Peapod und andere hinzu, die das Spiel erneut verändern. Walmart antwortet mit Lieferungen in die Filialen und Amazon übertrifft sie mit Prime. (Das nächste, was passiert, ist, dass es eine neue weltweite Pandemie gibt und alles wieder in Schutt und Asche gelegt wird. Aber heben wir uns das für ein anderes Mal auf ...) Ähnliche Kämpfe finden in der Unterhaltungsbranche statt, einem Multi-Billionen-Dollar-Sektor. Der Krieg um die Streaming-Dominanz tobt zwischen Netflix, Hulu, Amazon Prime Video, Disney+, Twitch und Apple.

Du denkst nun wahrscheinlich, dass diese Kriege um die Territorien des Einzelhandels, des Online-Handels und der Unterhaltungsbranche geführt werden. Aber der eigentliche Krieg, der geführt wird, ist der um die Kontrolle deiner Gedanken. Die neue Kriegsführung ist eine Verschmelzung von Überwachung, Datensammlung, Algorithmen und der Anwendung von KI, um diese Daten zur Manipulation deiner Gewohnheiten, Stimmung, Identität, Überzeugungen und Verhaltensweisen zu nutzen. (Hauptsächlich durch Vermarkter, aber die Regierungen mischen ebenfalls mit.)

Und so entsteht die Matrix ...

Die Matrix ist nicht im Besitz von Amazon, Walmart, Apple, Google, Disney oder gar der Regierung. Diese Matrix, die echte, hat sich organisch aus dem Zusammenspiel von Überwachung, Datensammlung, KI, maschinellem Lernen und Algorithmen gebildet. Sie pulsiert und fließt mit all den Memes, die in der Datasphäre zirkulieren. Technologien schreiten schnell voran. Die Bemühungen, Technologien zu regulieren, schmelzen stetig dahin. Und die Schere öffnet sich jedes Jahr immer weiter. Es ist, was es ist. Aber das bedeutet nicht, dass du machtlos bist. Das bist du nicht.

Du hast immer noch die Macht, dein eigenes Schicksal zu bestimmen. Du hast immer noch die Macht, eine radikale Wiedergeburt für dich selbst zu schaffen.

Sobald du dies erkennst, sobald du die Matrix als das siehst, was sie wirklich ist, kannst du zurückschlagen. Du kannst die einschränkenden Glaubenssätze, mit denen du programmiert wurdest, auslöschen und sie durch ermutigende Aussagen ersetzen. Du kannst dein altes Ich loslassen und deine neue, verbesserte Version erschaffen, die du dir wünschst.

Aber wenn du das ernsthaft tun willst, solltest du wütend werden. Wütend auf all die Menschen, Unternehmen und Institutionen, die dich emotional manipulieren. Damit du das tust, was sie wollen und damit du die Dinge kaufst, von denen sie wollen, dass du sie kaufst. Wenn du dann aber mit deiner Wut abgeschlossen hast, wirst du konzentrierter, entschlossener und einfallsreicher sein. Du musst schlauer sein und zu einem kritischen Denker werden. Du musst die Programmierung, die du erhältst, erkennen und dich entgegengesetzt programmieren. Genau das werden wir uns als Nächstes ansehen ...

Kapitel 5

Wie man negative Glaubenssätze über Geld und Erfolg zum Teufel jagt

DU HAST NUN hoffentlich erkannt, dass die meisten Programmierungen, denen du täglich ausgesetzt bist, darauf ausgelegt sind, dich unwissend, krank, bedürftig, schikaniert, einsam und/oder knapp bei Kasse zu halten. Der Schlüssel zur Erschaffung deines neuen Ichs – einem Ich, mit dem du dich gerne identifizieren möchtest – lautet: Die einschränkenden Glaubenssätze zu identifizieren, die du aus dieser Programmierung erschaffen hast, und sie durch ermutigende Glaubenssätze zu ersetzen.

Lass uns noch einmal die sechs Bereiche der grundlegenden Überzeugungen durchgehen, die dein Selbstwertgefühl und dein Maß an Glück und Erfolg bestimmen. In jedem Bereich werden wir die direkte Verbindung zwischen einem negativen Glaubenssatz und den Ergebnissen, die du verwirklichst, erforschen. Und wir werden die Art von Glaubenssatz definieren, den du erschaffen musst, um den alten Glaubenssatz auszutauschen. Hier sind nochmals die sechs Bereiche:

- Geld/Erfolg
- Ehe/Beziehungen

- Geschlecht/Sexualität
- Gott/Religion
- Gesundheit/Wohlbefinden
- Karriere/Arbeit

Wir beginnen dieses Kapitel mit den negativen Glaubenssätzen, die über Geld und Erfolg kursieren. Die wichtigsten Memes in dieser Kategorie lauten:

- Geld ist schlecht.
- Es ist edel oder spirituell, arm zu sein.
- Du hast keinen Erfolg verdient.
- Reiche Menschen sind boshaft.
- Erfolgreich wird nur, wer gleichzeitig als Vater/Mutter versagt.
- Erfolgreiche Unternehmen müssen Menschen und die Umwelt ausbeuten.
- Geld und materieller Besitz haben nichts mit Glück zu tun.

Die wichtigsten Ergebnisse dieser Memes sind, dass du wohlhabende Menschen hasst und dich ihnen gegenüber als überlegen identifizierst – in dem Glauben, dass arm sein dich spiritueller, edler oder tugendhafter macht. Sie können auch dazu führen, dass du deine Ziele niedriger ansetzt und deinen Erfolg selbst sabotierst.

Lass uns zunächst einige dieser dummen Glaubenssätze aus dem Weg räumen ...

Beginnen wir mit dem Missverständnis, dass Geld schlecht oder böse sei. Geld ist einfach nur ein Tauschmittel. Regierungen versuchen zwar, ihm einen einheitlichen Wert zuzuweisen, aber in Wirklichkeit schwankt dieser Wert ständig. Der einzige wirkliche

Wert des Geldes ist immer nur derjenige, für den eine einzelne Person bereit ist, es zu erhalten oder es zu tauschen. Geld als solches ist neutral, es gibt daran nichts Gutes oder Schlechtes. Es sei denn, du verbindest damit wissentlich oder unwissentlich eine Emotion oder ein Motiv.

Betrachtest du dieses Thema rational, dann musst du erkennen, dass es keinen Zusammenhang zwischen Geld und der Frage gibt, ob eine Person gut oder böse ist. Geld offenbart einfach nur, wer du wirklich bist. Wenn du eine geerdete Persönlichkeit mit positivem Selbstwertgefühl und starkem Charakter bist, dann würde dich der Erhalt einer großen Summe Geldes dazu bringen, es für ein höheres Ziel für dich und andere zu verwenden. Wenn du ein unehrlicher, narzisstischer Mensch bist, der zu einer großen Menge Summe kommt, wirst du es benutzen, um andere Leute zu kontrollieren und zu deinem persönlichen Vorteil zu manipulieren.

Du wirst häufig Aussagen hören wie z.B.: „Mit Geld kann man kein Glück kaufen" oder „ein Auto bringt dich einfach nur von Punkt A nach Punkt B". Und mein Favorit: „Sobald du das Licht ausschaltest, sind alle Hotelzimmer gleich". Menschen, die solches Zeug von sich geben, glauben, dass sie dadurch weise und tugendhaft erscheinen. In Wirklichkeit entlarven sie durch solche Äußerungen nur ihr Unwissen.

Wir können uns darauf einigen, dass man mit Geld kein Glück kaufen kann. Aber können wir uns auch darauf einigen, dass man Glück genauso wenig mit Armut kaufen kann? Jeder, der schon einmal eine Dodge Viper oder einen Ferrari gefahren ist oder sich in einen Bentley Continental GT gesetzt hat, wäre niemals so dumm zu behaupten, es gäbe keinen Unterschied, wie man von Punkt A nach B kommt.

Ebenso würde kein vernünftiger Mensch sagen, dass es keinen Unterschied zwischen einer Suite mit Meerblick im Hotel Four Seasons und einem Zimmer im Holiday Inn mit Blick auf die Mülltonne hinter der McDonalds-Filiale gibt. Oder zumindest würde das keine normaldenkende Person tun, die nicht unter dem Einfluss selbstwerteinschränkender Gedankenviren stand. (Und glaube mir, selbst im Dunkeln gibt es immer noch einen riesigen Unterschied in der Luftqualität, der Sauberkeit, der Schalldämmung, der Matratze und der Bettwäsche.)

Wenn du für dich entscheidest, dass es für deine finanzielle Situation vernünftig ist, ein Zimmer mit Mauerblick statt eines mit Panoramablick zu buchen, oder im Marriott, statt im Mandarin Oriental zu übernachten, mag das für dich die vernünftige Wahl sein. Aber triff diese Entscheidungen rational. Und nicht aufgrund verzerrter Darstellungen, mit denen du dich nur lächerlich machst. Geld und materielle Dinge machen dich nicht glücklich, aber sie ermöglichen dir, die Freiheit und den Genuss, dein wahres Wesen darzustellen. Und das sind allesamt Dinge, die dich glücklicher machen können.

Hier sind ein paar Möglichkeiten, negative in bestärkende Glaubenssätze zu verwandeln …

Beginnen wir mit dem Glauben, dass reiche Menschen böse sind. Dies ist nur eine weitere Gehirnwäsche, eine natürliche Erweiterung der „Geld ist böse"-Story. Egal, ob du nun ein guter, spiritueller oder ein ignoranter und böser Mensch bist: viel Geld zu haben, wird lediglich das offenbaren und verstärken, was du bist. Heute bin ich in der Lage, die Kultur, den Jugendsport, Wildtierprogramme und andere würdige Zwecke zu unterstützen. Als ich pleite war, war ich für diese Organisationen keine große Hilfe. Und das wirst du auch nicht sein, solange du pleite bist. Stell dir vor, wie viel Gutes du in deinem Leben tun kannst, wenn du mehr Geld und Erfolg hast.

Ja, es gibt viele Unternehmen, die Arbeiter ausbeuten oder Gewinne auf Kosten der Umwelt machen. (Und die wird es auch weiterhin immer geben.) Aber es existieren auch Tausende von Unternehmen, die bewiesen haben, dass solch ein Verhalten nicht notwendig ist, um erfolgreich zu sein. Sie beweisen, dass sie erfolgreicher sein können, wenn sie gute Bürger und Unternehmer sind und sich um ihre Mitarbeiter kümmern. Bist du nicht auch dankbar, dass es Unternehmen gibt, welche die vielen lohnenswerten Aufgaben in deiner Gemeinde unterstützen?

Eine ähnliche Dynamik entsteht durch den Glauben, dass man, um erfolgreich zu werden, ein schreckliches Elternteil sein muss. Meine Mutter musste drei Kinder allein großziehen. Sicherlich hätte ihr niemand einen Vorwurf machen können, wenn sie sich entschieden hätte, Sozialhilfe zu beziehen. Aber stattdessen wurde sie Avon-Beraterin und ging von Tür zu Tür, damit sie genug Geld verdiente, um uns unterstützen zu können. Wir mussten unser eigenes Frühstück zubereiten und uns nach der Schule selbst versorgen. Aber was für ein wunderbares Vorbild für Ausdauer, Durchhaltevermögen und Integrität sie für mich und meine Geschwister war! Man tut seinen Kindern keinen Gefallen, wenn man ihnen Erfolg vorenthält oder arm bleibt. Wie wäre es also, wenn auch du dir die Überzeugung zu eigen machst, dass erfolgreich zu werden, ein starkes, positives Beispiel für deine Kinder sein könnte?

Aufgrund der vorherrschenden Geistesviren in dieser Welt hast vielleicht auch du Geld und Erfolg mit Boshaftigkeit, unfairem Handeln, schlechter Erziehung, Ausbeutung oder schlechtem Umgang mit der Umwelt verknüpft. Doch sobald du diese ungerechtfertigten Kopplungen auflöst, wirst du deine Tendenzen zur Selbstsabotage beenden und deine Visionen, Ziele und Träume erweitern. Du wirst die Welt mit einem Bewusstsein für Wohlstand, statt für Knappheit betrachten. Und das wird alles, was du tust, verändern. Es wird nicht nur dich wohlhabender sein lassen, sondern auch die Welt als solche wird durch dich wohlhabender werden.

Und nun werden wir uns mit den einschränkenden Glaubenssätzen über Ehe und Beziehungen befassen …

Kapitel 6

Toxische Beziehungen entstehen durch toxische Glaubenssätze

WIR GRABEN UNS JETZT tiefer in deine grundlegenden Überzeugungen über die Welt, die dich umgibt – und wie du in sie hineinpasst. Im vorigen Kapitel haben wir uns mit Geld und Erfolg beschäftigt. Jetzt wollen wir die Glaubenssätze und Programmierungen rund um Ehe und Beziehungen erforschen.

Die Memes, auf die du in dieser Kategorie achten solltest, sind:

- Unerwiderte Liebe
- Ich bin ein edles Opfer.
- Die Heldenreise
- Es ist spirituell, unglücklich zu sein.
- Das Wiederholen negativer Muster deiner Eltern
- Du vervollständigst mich.

Der Unterschied zwischen dem Entstehen gesunder, nährender Beziehungen – anstelle von toxischen, dysfunktionalen – sorgt für eine massive Verschiebung deiner geistigen Gesundheit, deiner Harmonie und deinem allgemeinen Wohlstand. Tatsächlich könnten deine Beziehungen die einflussreichste bestimmende Größe sein. Denn deine Verbindung zu den Menschen in deinem Umfeld – ob sie dich aufbauen oder herunterziehen und ob sie dir Frieden, Freude und Mitgefühl bringen oder nicht – wird sich auf jeden Bereich deines Lebens auswirken: auf deine Gesundheit, deine Karriere, deine Familie und auf deine Spiritualität. (Ich werde in diesem Kapitel nicht alle Auswirkungen behandeln, die deine Beziehungen beeinflussen, da einige besser in den Kapiteln über Gott/Religion bzw. Geschlecht/Sexualität angesprochen und dort behandelt werden.)

Lass uns zuerst mit dem Konstrukt der Ehe als solchem umgehen. Es gibt in Bezug auf Beziehungen eine Menge dysfunktionaler, sogar völlig verrückter Vorgaben, insbesondere bezüglich der die Ehe. Einige sind religiös, andere kulturell bedingt. Dazu gehören z.B. Praktiken und Richtlinien wie arrangierte Ehen, die Behandlung der Frau als Eigentum, Kinderbräute, die Annahme, dass eine Ehe nur zwischen gegensätzlichen Geschlechtern angemessen ist, die Zahlung von Mitgift und das Verbot der Scheidung.

Die „Institution" der Ehe, wie sie von vielen Menschen definiert wird, ist nicht wirklich eine Institution. Bei dem, was viele als Standarddefinition der Ehe seit Beginn der Zivilisation ansehen, handelt es sich eigentlich um eine viel jüngere Entwicklung. Viel zu viele Gesellschaften, um sie hier aufzuzählen, haben über Jahrhunderte hinweg Polygamie akzeptiert oder gefördert. Einige Kulturen haben auch die Polyandrie akzeptiert – eine Frau, die mehr als einen Mann hat. (Fürs Protokoll: Ich habe weder mit Polygamie noch mit Polyandrie ein Problem. Ich unterstütze das Recht freier Erwachsener, ihre eigenen Entscheidungen zu treffen. Ich erwähne es hier nur, um zu verdeutlichen, dass das ganze Gerede über die angeblich heiligen und traditionellen Formen der Ehe nicht wirklich zutreffend ist.) Man muss diese Definitionen der Ehe nicht mögen, aber man kann ihre Existenz auch nicht leugnen. Jahrhunderte lang wurden Ehen durch die Machtkämpfe und Allianzen zwischen sich bekriegenden Familien und Clans bestimmt. Einige dieser Kulturen lassen die Heiratspraktiken von Game of Thrones im Vergleich dazu milde aussehen. Auch heute sind Zwangsheiraten und arrangierte Ehen noch vielerorts die gesellschaftliche Norm.

Schon bevor du jemanden zum Heiraten findest, können die vorgegebenen Konventionen schreckliche Folgen für dein Selbstvertrauen und dein Selbstwertgefühl haben. Angenommen, du bist mit einem gewalttätigen Menschen verheiratet, glaubst aber, dass Scheidung eine Sünde ist. Oder wenn du eine Frau bist, die wie ein Stück Vieh behandelt wird. Oder ein Nicht-Heterosexueller, dem grundlegende Menschenrechte verweigert werden. Dann können die Auswirkungen auf dein Wohlbefinden und auf deinen Wohlstand verheerend sein. Als wir vorhin über die Auswirkungen der Datasphäre gesprochen haben, habe ich über die Memes der unerwiderten Liebe geschrieben, daher werde ich sie hier nicht wiederholen. Aber es ist erwähnenswert, wie heimtückisch sie sind. Und dass sie eine direkte Nachfolge der „Du bist nicht würdig"-Memes darstellen, die so häufig von organisierten Religionen verbreitet werden.

Es lohnt sich definitiv, kritisch darüber nachzudenken, ob du deine Beziehungen selbst sabotiert hast, weil du auf den Glauben programmiert wurdest, dass du in diesem Leben kein Glück verdienst.

Ebensokönntestdu,wenndumitdem„Heldenreise“-Meme infiziert wurdest, unbewusst deine Ehe oder deine Beziehung (oder sogar enge Freundschaften) ruinieren. Zum Beispiel, indem du versuchst, eine noch heldenhaftere Heldenreise zu erschaffen, um Gefühle eines geringen Selbstwertgefühls zu lindern. Das Ausleben dieser Situation bezeichne ich als das „edle Opfer“-Meme. Dies ist nicht nur eine reflexartige Reaktion, die durch eine negative Programmierung verursacht wird. Hierdurch kann auch das Gefühl von emotionalen Belohnungen erzeugt werden, das dich in einer permanenten Opferrolle gefangen hält. Weil du emotional unfähig bist, Liebe zu akzeptieren, ersetzt du sie durch Mitleid und Aufmerksamkeit. Ich habe 30 Jahre lang in dieser scheinbar edlen Opfermentalität gelebt. Viele Menschen behalten sie sogar ihr ganzes Leben lang bei.

Jim Rohn sagte gerne, dass dein Einkommen dem Durchschnitt der fünf Menschen entsprechen wird, mit denen du die meiste Zeit verbringst. Ich glaube, dieses Prinzip gilt sogar für jeden weiteren Bereich des Wohlstands. Infolgedessen wird der Zufriedenheitsgrad deiner Ehe wahrscheinlich der Mittelwert der fünf Paare sein, mit denen du am meisten zu tun hast. (Oder möglicherweise der drei Paare, mit denen du am meisten zu tun hast, sowie dem, was dir von deinen Eltern und den Eltern deines Ehepartners vorgelebt wurde.)

Wenn deine Eltern und Schwiegereltern gute Vorbilder für gesunde, liebevolle und kraftvolle Ehen waren, dann ist das großartig. Du wurdest mit einigen schönen Beziehungsmodellen beschenkt. Aber ich glaube nicht, dass es dich überrascht, wenn du erfährst, dass die meisten heutigen Ehen nicht dieser Definition entsprechen. Das vielleicht Wichtigste, was deine Beziehungen beeinflussen wird, sind die Vorbilder, mit denen du und dein Ehepartner in euren prägenden Jahren aufgewachsen seid. Wenn ein Elternteil den anderen betrogen hat, missbräuchlich war oder sich die beiden ständig gestritten haben, dann hat sich bei dir wahrscheinlich ein Kernglaube herauskristallisiert. Nämlich der, dass Ehen und romantische Beziehungen normalerweise auf diese Weise funktionieren. Die meisten Menschen setzen in ihren Beziehungen das Generationsmuster ihrer Eltern fort, ohne überhaupt darüber nachzudenken.

Die weitere große Dynamik besteht darin, wie eine mangelnde Vereinbarkeit von Glaubenssätzen beider Partner in den anderen fünf Hauptkategorien in deine Beziehungen einfließen und diese zerstören kann. Einige Möglichkeiten, wie sich dies darstellen könnte, sind folgende:

Wenn ein Partner ein Armutsbewusstsein, der andere jedoch ein Wohlstandsbewusstsein mitbringt, werdet ihr euch am Ende über alles streiten: von Möbeln über Lebensmittel bis hin zu Urlauben und dem Auto, das ihr kauft. Wenn ein Partner mit religiösen Überzeugungen über Sexualität indoktriniert ist und der andere nicht, ist das so ziemlich die ungünstigste Blaupause für ein erfülltes Sexualleben. Dasselbe gilt für unterschiedliche Vorstellungen über Wohlbefinden, Arbeit und natürlich ... Religion.

Wenn du katholischen oder hinduistischen Glaubens bist, dein Partner jedoch jüdisch oder mormonisch, dann ist das, ob du es glauben magst oder nicht, durchaus praktikabel. Weil ihr beide ähnliche

Überzeugungen in Bezug auf das Gesamtkonzept der Ehe teilt. (Obwohl es natürlich immer noch viele mögliche andere Stolpersteine gibt.) Das heikelste Szenario entsteht jedoch dann, wenn ein Partner nicht gläubig ist. Diese Person nimmt es dann oft übel, wenn wichtige Lebensentscheidungen auf der Grundlage von Überzeugungen getroffen werden sollen, die sie einfach für unwahr hält.

An einem Sonntagmorgen besuchte ich gemeinsam mit dem Mann, mit dem ich zu dieser Zeit zusammen war, die Kirche. In der Reihe vor uns saß ein schwules Paar, das während des Gottesdienstes Händchen hielt und miteinander turtelte. Als wir danach zum Brunch gingen, erzählte mein Partner, wie sehr ihn die Demonstration dieser gegenseitigen Zuneigung aufgeregt hätte. Ich fand es wunderschön anzusehen, daher fragte ich ihn, weshalb er dagegen sei, dass zwei Menschen ihre Liebe zeigen. Er antwortete, dass er es für nicht angemessen halte, dies in der Kirche „vor den Kindern" zu tun.

Ich schlug mir auf die Stirn, weil ich endlich erkannte, warum wir in unserer eigenen Beziehung so viele Probleme hatten. Mein schwuler Partner war homophob!

Vielleicht denkst du, dass es inkongruent, irrational und widersprüchlich ist, dass ein schwuler Mann angeblich homophob sein soll. Natürlich ist es das auch. Aber diese Situation kommt in der LGBTQ-Community sogar recht häufig vor und trägt wesentlich zu dysfunktionalen Beziehungen, Todeswunschverhalten und Selbstmorden bei. Im Fall meines Partners, der in Mexiko aufwuchs, war es so, dass man ihn seine gesamte Kindheit über mit dem Glauben des

Katholizismus aufgezogen hatte. Dann kam er ins Erwachsenenalter und akzeptierte zwar seine biologische Natur der Homosexualität – jedoch hat er in seinem Unterbewusstsein niemals die zerstörerische geistige anti-homosexuelle Programmierung beseitigt.

Ein weiteres – sogar eines der destruktivsten – Memes für eine Beziehung ist das Konzept von: „Du vervollständigst mich". Die Zahl der Geschichten, Filme und Fernsehsendungen, die um dieses Meme herum aufgebaut sind, geht in die Millionen. (Der Film Jerry Maguire – das Spiel des Lebens ist das Paradebeispiel dafür.) Der „Du vervollständigst mich"-Glaube ist toxisch, weil er auf der Annahme eines geringen Selbstwertgefühls basiert. Er besagt, dass du allein keine vollständige Person bist und einen anderen Menschen brauchst, um ausreichend zu sein. Wenn du glaubst, dass du jemanden benötigst, der dich vervollständigt, dann bist du emotional nicht reif genug, um eine Beziehung zu führen. Und wenn jemand zu dir sagt, dass du ihn vervollständigst, dann drücke den Schalter für den Schleudersitz. Und zwar schnell.

Wie die anderen fünf Kategorien von Grundüberzeugungen können auch die Gedankenviren in dieser Kategorie dazu führen, dass du einige ziemlich schädliche Ergebnisse erzielst. Lass uns daher eine gedeihlichere Art und Weise erkunden, Ehe und Beziehungen zu betrachten. Beginne zunächst mit der Überzeugung, dass Beziehungen heilsam und positiv sein können. Und dass es nicht normal ist, dass sie giftig und negativ sind. (Mir ist klar, dass in unserer heutigen Gesellschaft die giftigen, negativen als „normal" gelten, aber damit musst du dich nicht abfinden.)

Du kannst dich selbst genug lieben und wertschätzen, um dir harmonische Beziehungen zu erlauben, die dein Leben bereichern. Und niemand zwingt dich, zum Wohl irgendeiner Person oder Institution in einer giftigen Beziehung zu bleiben. Jeder, der möchte, dass du in einer negativen Beziehung bleibst, ist für dich toxisch. Diese Menschen haben nicht dein höchstes Wohl im Sinn und sollten als Bedrohung für dein Wohlergehen behandelt werden.

Ersetze negative Überzeugungen über Beziehungen durch die Überzeugung, dass sie auf Anziehungskraft, Verständnis, gemeinsamen Lebenszielen und Liebe beruhen. Erkenne, dass eine Zuordnung von Geschlecht oder Sexualität und die konventionellen Überzeugungen darüber so gut wie irrelevant sind. Das meine ich ernst. Wenn du jemanden findest, der dich begeistert und inspiriert, jemanden, der Freude in dein Leben bringt – und du Freude in das seine – und wenn du dein Leben mit ihm oder ihr teilen möchtest, dann tu das. Und hör auf, bei irgendjemandem oder irgendeiner Institution Anerkennung zu suchen. Die Zustimmung von anderen Menschen ist nicht erforderlich. Es ist dein Leben. Lebe es mit dem Bewusstsein des Wohlstandes.

Wie auch bei den fünf anderen Kategorien: auf das Loslassen der Opferrolle kommt es an …

Wenn du den Verhaltensmustern der Heldenreise oder des edlen Opfers auf den Leim gegangen bist, musst du erkennen, dass es für dich zwei Möglichkeiten gibt: ein Opfer zu bleiben oder ein Sieger zu werden. Du kannst dich nur für eine von beiden entscheiden. Wähle achtsam.

Als Nächstes werden wir uns die einschränkenden Glaubenssätze über Geschlecht und Sexualität ansehen ...

Kapitel 7

Das Zelebrieren von Geschlecht und Sexualität

WURDEN SEX, SELBSTBEFRIEDIGUNG und Nacktheit in deinem Elternhaus wie Tabuthemen behandelt, als du groß geworden bist? Erreichtest du dein Jugendalter und deine Pubertät ohne jede Vorbereitung, was die rasenden Hormone und Emotionen angeht, die du erleben musstest? Es ist gut möglich, dass du aus einem einzigen Durcheinander von Hemmungen und dysfunktionalen sexuellen Glaubenssätzen bestandst, bevor du auch nur deine ersten sexuellen Erfahrungen gemacht hast.

Lass uns also die einschränkenden Glaubenssätze und Programmierungen rund um Geschlecht und Sexualität erforschen – und wie du sie durch eine bestärkende Denkweise ersetzen kannst.

Geschlecht und Sexualität sind in vielen Religionen verbotene oder emotional aufgeladene Themen. Infolgedessen haben Religionen hierzu eine Menge negativer und irrtümlicher Überzeugungen geschaffen. Die meisten dieser Überzeugungen beruhen auf jahrhundertealten Mythen, Stereotypen und Aberglauben. Es sollte daher nicht überraschen, dass Überzeugungen über Geschlecht und Sexualität mit heftigen Emotionen aufgeladen sind. Erschwerend kommt hinzu, dass es in diesem Bereich ein weit verbreitetes wissenschaftliches Analphabetentum gibt. Die Memes und Überzeugungen, vor denen man sich in dieser Kategorie in Acht nehmen sollte, sind:

- Sex ist schmutzig.
- Vergnügen ist der Weg zur Verdammnis.
- Frauen sind minderwertig.
- Es gibt nur zwei Geschlechter.
- Nicht-Heterosexualität ist anormal.
- Nicht-Heterosexualität ist unmoralisch.

Sexuelle Energie ist ein Urinstinkt und eine der stärksten Triebfedern des Verhaltens bei allen Lebewesen. Wenn du jemals ein Pferd bei der Zucht oder andere Arten bei der Paarung in freier Wildbahn beobachtet hast, dann weißt du, wie wild diese Energie sein kann. Wir Menschen denken gerne, dass wir kultivierter und zivilisierter seien und nicht von diesen niederen Trieben bewegt werden. Aber auch wenn wir diese Triebe oft unterdrücken, können wir sie zweifellos nicht auslöschen. Sobald du verstehst, dass sexuelles Verlangen und sexuelle Energie eine genetische Realität sind, erkennst du, wie töricht und vergeblich jeder Versuch enden wird, diese Realität zu leugnen.

Das bedeutet nicht, dass wir wie wilde Tiere durch die Gegend rammeln müssen. Als aufgeklärte Spezies können und sollten wir für unser Verhalten bestimmte Standards einhalten. Und wir müssen sicherstellen, dass immer auch gegenseitiger Respekt und gegenseitiges Einverständnis vorhanden sind. Ebenfalls sollten wir die Schwachen unter uns vor skrupellosen

Raubtieren schützen, die ihnen Schaden zufügen würden.

Ich glaube, Napoleon Hill war einer großen Erkenntnis auf der Spur, als er in Denke nach und werde reich über die „Transmutation der Sexualkraft" schrieb. Eine seiner Beobachtungen war, dass die meisten Männer (das Buch wurde in einer Zeit grenzenloser Frauenfeindlichkeit geschrieben) erst in ihren 50er Jahren erfolgreich wurden, als sie ihre sexuelle Energie besser kanalisieren konnten. Doch sexuelle Energie zu respektieren und zu kanalisieren, bedeutet nicht, sie zu leugnen. Oder zu versuchen, sie zu unterdrücken bzw. ihr negative Begriffe und Gefühle zuzuordnen. Sexualität ist natürlich und gut, nicht unmoralisch oder böse. Doch leider gibt es eine ganze Flutwelle von Programmierungen (oftmals aus Richtung der organisierten Religionen, manchmal aber auch aus anderen Quellen), die Sex als schmutzig oder sündhaft erklären. Wie so viele andere Memes basiert auch die Gehirnwäsche in Bezug auf Geschlecht und Sexualität auf Angst, Unwissenheit und Aberglauben. Für Wissenschaft und Fakten bleibt dann nur noch wenig Platz.

Die Puritaner glaubten, dass Sex zur Verdammnis führt. Aber heutzutage können wir uns sicherlich auf einer höheren Ebene des kritischen Denkens bewegen. Schließlich wären wir nicht hier, wenn es keinen Sex gäbe. (Die gesamte puritanische Philosophie basiert auf der Denkweise, dass so ziemlich jedes Vergnügen zur Verdammnis führt. Das ist Teil dieses ganzen verrückten „Du bist dazu bestimmt, hier zu leiden und deine Belohnung im Jenseits zu bekommen"-Memes, mit dem dich ein Großteil aller organisierten Religionen gerne infiziert).

Als Nächstes müssen wir eine Diskussion über die Art und Weise führen, wie Frauen in der heutigen Welt angesehen und behandelt werden. Es gibt immer noch viele Gesellschaften, die Frauen wie Vieh behandeln und glauben, dass ihnen grundlegende Rechte, wie das Wahlrecht oder der Besitz von Eigentum, verweigert werden sollten. Viele Frauen wurden sogar umgebracht, weil sie eine Schul- oder Berufsausbildung angestrebt hatten. Es ist unmöglich, eine gesunde Einstellung zu Geschlecht und Sexualität zu haben, solange solche Überzeugungen nicht als bösartig, unmoralisch und menschenfeindlich betrachtet werden.

Ein weiterer Faktor, der zu vielen der negativen Vorstellungen über Sex und Sexualität beiträgt, ist der weitverbreitete wissenschaftliche Analphabetismus. Auch wenn du es vielleicht nur schwer glauben kannst, aber: dein Arzt, die Lehrer, die du hattest, und die Leute, die in deinem Land Gesetze erlassen, fallen wahrscheinlich alle in diese Gruppe von Menschen, die von einigen grundlegenden wissenschaftlichen Fakten keine Ahnung haben. Schauen wir uns zwei wichtige dieser Fakten an:

Der erste Irrglaube ist, dass es nur zwei Geschlechter gibt. Dies ist nicht einmal annähernd richtig. Vermutlich hast du das gleiche Grundverständnis von Geschlecht und Sexualität, wie die meisten anderen Menschen. Seit ein paar Tausend Jahren wird den meisten Leuten beigebracht, dass, wenn das Spermium die Eizelle erreicht, das Ergebnis entweder aus einem XX-Chromosom (was ein Mädchen hervorbringt) oder einem XY-Chromosom besteht (was einen Jungen hervorbringt). Obwohl dies eine sehr vereinfachte Erklärung ist, kommt sie tatsächlich recht häufig vor. Doch es gibt noch eine Reihe anderer Szenarien, die ebenfalls häufig vorkommen. In der Tat gibt es zusätzlich zu dem, was wir als männlich und weiblich bezeichnen, fast 20 weitere bekannte Arten von Geschlechtsvariationen. Um dir eine Vorstellung davon zu geben, folgen hier ein paar dieser Variationen:

Das *Ullrich-Turner-Syndrom* äußert sich bei Frauen durch verschiedene Veränderungen, bei denen alle oder ein Teil der Geschlechtschromosomen fehlen. Die Merkmale können von Kleinwuchs oder einem niedrigen Haaransatz bis hin zu nicht funktionierenden Eierstöcken und Sterilität reichen.

Beim *Klinefelter-Syndrom* hat ein Mann ein oder mehrere zusätzliche X-Chromosomen, er könnte also XXY, XXXY etc. sein. Die meiste Zeit sind die Symptome nicht nachweisbar oder könnten geringfügig sein, wie etwa eine Unterfunktion der Keimdrüsen. Andere Symptome sind schwerwiegender, wie z. B. Sterilität. Diese Individuen können einen Penis und Hoden haben, aber auch breite Hüften wie eine Frau aufweisen und kleine Brüste entwickeln. Und bei sogenannten Ovotestes hat diese Person sowohl Eierstock- als auch Hodengewebe.

In anderen Fällen kann es sein, dass eine intersexuelle Person bei der Geburt keine äußeren Anzeichen zeigt und sich das Problem erst in der Pubertät oder im Erwachsenenalter entwickelt. (Oder nicht groß genug ist, um überhaupt auffällig zu werden.) Das liegt daran, dass die Genitalien nicht der einzige Faktor bei intersexuellen Zuständen sind. Diese werden auch durch Chromosomen, Hormone und innere

Fortpflanzungsorgane geschaffen. Für viele dieser Menschen stimmt ihr Geschlecht nicht mit dem überein, das ihnen bei der Geburt zugewiesen wurde. Die Realität ist, dass einer von 150 Menschen intersexuell ist, also besteht die Welt aus vielen intersexuellen Menschen. Du selbst könntest intersexuell sein und es nicht einmal wissen.

Erschwerend kommt hinzu, dass in vielen Fällen an Säuglingen nicht-einvernehmliche Genitaloperationen durchgeführt werden. Viele intersexuelle Menschen werden mit uneindeutigen Genitalien geboren – einer Klitoris, die als zu groß oder einem Penis, der als zu klein angesehen wird. Manche Ärzte ordnen einem Säugling möglicherweise operativ ein weibliches Geschlecht zu, weil sie annehmen, dass es einfacher ist, mit einer Vagina durchs Leben zu gehen als mit einem kleinen oder nur teilweise entwickelten Penis. In den Vereinigten Staaten werden täglich 45 Babys mit intersexuellen Merkmalen operiert, was oft zu einer falschen Geschlechtszuweisung führt. Dies sind einige der Gründe, warum es Menschen gibt, die in einem physischen Geschlecht geboren werden, sich aber psychologisch einem anderen zugehörig fühlen. Auch, wenn die Adam-und-Eva-Geschichte und andere binäre Geschlechtervorstellungen weit verbreitet sind, basieren sie in der Realität auf keiner Grundlage.

Eine komplette Unwahrheit wie die Zwei-Geschlechter-Theorie kann nur deshalb als Wahrheit akzeptiert werden, weil in der Gesellschaft so häufig die Tyrannei der Mehrheitsdynamik auftritt. Ja, sicherlich ist eine Mehrheit der Menschen genetisch XX- oder XY-chromosomal, aber das löscht nicht die riesige Anzahl von Menschen aus, die es nicht sind.

Und auch sie sind Menschen. (Als ich das letzte Mal nachgesehen habe, gab es für Facebook-Benutzer 58 Geschlechtsoptionen.) Wenn es dir geht, wie den meisten Menschen, dann hast du dein ganzes Leben mit der Zwei-Geschlechter-Theorie als eine deiner grundlegenden Überzeugungen gelebt. Kannst du dir vorstellen, wie das in deinen Beziehungen zu Verwirrung führen kann? Und denke an all die Menschen, die nicht in eine der beiden konventionellen Kategorien passen. Wenn jeder um dich herum versucht, dir ein falsches Geschlecht zuzuordnen, wirst du es schwer haben, gesunde Beziehungen zu finden und ein erfülltes Leben zu führen.

Der zweite Bereich weit verbreiteter wissenschaftlicher Ignoranz ist die Frage der Sexualität oder der sexuellen Orientierung. Das konventionelle Argument, das man häufig hört, besagt, dass Heterosexualität die einzige natürliche und moralisch akzeptable sexuelle Orientierung sei. Die Menschen, die dieses Argument vorbringen, glauben fälschlicherweise, dass Bisexualität, Homosexualität, Pansexualität und andere Sexualitäten eine persönliche Entscheidung oder eine Vorliebe seien. Aber Sexualität ist keine Vorliebe, sondern ein Ergebnis der Genetik, unserer Biologie und des evolutionären Prozesses.

Aufgrund der verschiedenen Chromosomen-, Hormon- und Genitalkombinationen, mit denen uns die Natur gesegnet hat, gibt es neben männlich und weiblich eine Menge weiterer natürlich vorkommender Vielfalten. Und das war schon immer so, bereits seit den Anfängen der Menschheit. Von den Krieger-Mönchen des Mount Hiei bis hin zum alten China war es für Könige, Kaiser und reiche Kaufleute durchaus üblich, männliche „Gespielen" oder Konkubinen zu haben. Es war nicht ungewöhnlich, dass wilde Krieger unterschiedlichster Stämme einerseits zu Hause Frau und Familie hatten, für die sie kämpften, sowie andererseits eine junge männliche Konkubine. Homosexualität und Bisexualität wurden im Römischen Reich zelebriert. (Ja, ich bin mir bewusst, dass das Römische Imperium zerfallen ist. Aber das sind auch viele homophobe Imperien.)

Du magst zwar glauben, dass Nicht-Heterosexualität unmoralisch oder unnatürlich sei, aber das ist eine Meinung, mit der du programmiert wurdest, keine Tatsache, die von irgendeiner Wissenschaft unterstützt wird. Alle Sexualitäten sind eine natürlich vorkommende Dynamik in der Natur. Andernfalls wären nicht-heterosexuelle Menschen und Tiere im Laufe der biologischen Entwicklung eliminiert worden. Es gibt im Tierreich überwältigende Beweise für Homo- und Bisexualität, dokumentiert bei mindestens 1.500 Arten. Und soweit wir sagen können, kommen diese Zustände aufgrund natürlicher Entwicklungen vor – und nicht, weil ein Känguru zu viele Folgen von Modern Family gesehen hat.

Diejenigen Menschen, denen wir erlauben, uns am meisten zu beeinflussen – religiöse Führer, Regierungsvertreter und Stars im Kulturbereich – haben uns ernsthaft im Stich gelassen. Die meisten von ihnen haben dies ohne Absicht getan, weil sie sich ihres wissenschaftlichen Analphabetismus nicht bewusst waren. Vielleicht wurdest du mit Glaubenssätzen programmiert oder wirst aufgrund von Gesetzen verfolgt, die es befürworten, Menschen anhand ihres Geschlechts oder ihrer Sexualität zu diskriminieren, zu verfolgen oder sogar anzugreifen. Aber dies zu tun, verstößt gegen die grundlegendsten Lehren des Wohlstands und des Wohlbefindens. Die hieraus resultierende Angst und Unwissenheit über diese Dinge veranlasst Menschen dazu, andere anzugreifen, zu dämonisieren und sogar zu töten. Aber das ist nicht alles. Vielleicht genauso gefährlich ist die Programmierung, die nicht-heterosexuelle Menschen und Menschen mit nicht-binärem Geschlecht durch Personen aus ihrer eigenen Gruppe erhalten.

Selbst innerhalb der LGBTQ-Gemeinschaft gibt es viele Vorurteile, Hass und Angst. (Die Anzahl der LGBTQ-Menschen, die homophob und transphob sind, ist schockierend.) Das führt zu noch mehr Diskriminierung, Verfolgung und Missbrauch. Es spielt auch bei selbstzerstörerischem Verhalten, Depressionen und anderen psychischen Erkrankungen sowie Selbstmordraten eine große Rolle. Es ist einfach nur ein Spiegelbild des unterbewussten und heimtückischen Selbsthasses, den Memes wie diese erzeugen können.

Sehen wir uns daher einige Möglichkeiten an, um die Diskussion neu zu entfachen und gesunde, bestärkende und nützliche Überzeugungen über Geschlecht und Sexualität zu entwickeln.

Beginne damit, alle negativen Urteile loszuwerden, die sich vielleicht in deinem Unterbewusstsein festgesetzt haben. Bring sie an die Oberfläche und ersetze sie, so wie du einen alten Mantel austauschen würdest, der dir nicht mehr passt.

Wie du nun weißt, gibt es Männer, Frauen, Männer in weiblichen Körpern, Frauen in männlichen Körpern, intersexuelle und nicht-binäre Menschen, die sich mit keiner der herkömmlichen Bezeichnungen identifizieren. Wir sind alle gleich, alle normal, und wir sind allesamt Individuen, die Respekt, Akzeptanz und Menschenrechte verdienen. Es gibt keinen Grund, eine Person zu fürchten oder zu verurteilen, die anders ist als du. Betrachte sie mit einem respektvollen Zustand der Neugier. Ähnlich dem, was du erleben könntest, wenn du zum ersten Mal einen Inuk, einen buddhistischen Mönch oder einen Schlangenbeschwörer triffst.

Wenn du Fragen zu deinem Geschlecht hast, entspanne dich und genieße den Entdeckungsprozess. Es stehen dir heutzutage mehr Ressourcen zur Verfügung als je zuvor. Ganz wichtig ist auch, dass du deinen Eltern, Ärzten oder anderen Personen, die deine ursprüngliche Geschlechtsbestimmung vorgenommen haben, verzeihst. Diese Menschen haben das Beste getan, was sie in der damaligen Umgebung und Unwissenheit tun konnten, und waren sich deiner tatsächlichen Situation möglicherweise nicht bewusst.

Wenn du vermutest, dass du homosexuell, bisexuell, pansexuell, trans- oder asexuell bist, gib dir Zeit und die Erlaubnis zum Erforschen und Entdecken. Wenn du feststellst, dass in dir eine andere Sexualität wohnt, als du ursprünglich geglaubt hast, dann zelebriere diese Realität und nimm sie an. Du hast ein aufregendes Leben vor dir, das sich für dich entfalten wird. Lege alle negativen Glaubenssätze ab, mit denen du eventuell programmiert wurdest und erkenne deine natürliche Sexualität ohne Schuldgefühle, Reue oder Entschuldigung an. Liebe und akzeptiere dich als das wundervolle Wesen, das du bist.

Wenn andere Menschen Probleme damit haben, wer du wirklich bist, liegt das Problem bei diesen Leuten. Was jene nahestehenden Freunde oder Familienmitglieder angeht, die Schwierigkeiten haben, dich zu akzeptieren, liebe sie und erlauben ihnen, zu wachsen. Diese Menschen wurden mit all den überwältigenden Geistesviren, die sie gegen dich richten, einer Gehirnwäsche unterzogen. Und sie haben vielleicht noch nicht die Raffinesse und die intellektuellen Fähigkeiten entwickelt, diese zu überwinden. Gib ihnen Zeit. Wahrscheinlich lesen sie meine Bücher nicht! Letztendlich werden die Menschen, die dich wirklich lieben und die das Beste für dich wollen, dich genau so akzeptieren, wie du bist.

Du kannst kein Leben im Wohlstand führen, solange du nicht deine Wahrheit lebst.

Auch wenn du und dein Partner sich auf eine offene Beziehung einigen, ist das großartig. Wenn ihr beide Swinger werden wollt, mit einem Dritten spielen oder eine bezahlte Begleitperson engagieren wollt, nur zu. Wenn du Pornografie, Fesselspiele, Cross-Dressing, Rollenspiele oder andere Fetischpraktiken magst, gilt das gleiche. Gönne dir ab und zu eine exquisite Masturbationssitzung. Es gibt sicherlich keinen Grund, deine sexuellen Wünsche wegen irgendwelcher religiösen Dogmen, Doktrinen oder Dekrete zu verleugnen oder zu unterdrücken. Denke an die Pädophilie und den sexuellen Missbrauch, den der Klerus seit Jahrhunderten praktiziert hat. (Das gilt nicht nur für den Vatikan und das Christentum, sondern innerhalb vieler Glaubensrichtungen.) Vom religiösen Establishment Ratschläge über Sex anzunehmen, ist, als würde man Hannibal Lecter um Tipps zur veganen Ernährung bitten.

Es gibt ein sehr breites Spektrum der Spezies, die wir Menschen nennen. Und alle Mitglieder dieser Spezies haben Würde, grundlegende Menschenrechte und die Freiheit verdient, selbst über ihr Leben zu bestimmen. Sie verdienen es, sich in jede Person zu verlieben, eine Beziehung mit ihr zu führen und diejenige Person zu heiraten, die sie sich gegenseitig aussuchen. Du hast das Recht, unterschiedliche Ansichten über Geschlechter, Sexualität und Religion zu haben. Aber alle deine Überzeugungen, die ein anderes menschliches Wesen dämonisieren, diskriminieren oder anderweitig herabsetzen würden, sind gegen die Menschlichkeit und widersprechen damit jeder Form von Wohlstand. Jeder rationale, kritische Denker würde verstehen, dass diese Überzeugungen auf jahrhundertealten Ängsten, auf Aberglauben und Phobien beruhen – und dass in einer aufgeklärten und wohlhabenden Gesellschaft kein Platz dafür ist. Hass, Intoleranz und Verurteilung sind keine familiären oder spirituellen Werte und sie bringen dich deinem Wohlstand mit Sicherheit nicht näher. Lass diese Überzeugungen hinter dir.

Du kannst niemals eigenen Wohlstand erleben, wenn du versuchst, ihn anderen vorzuenthalten.

Übernimm wieder die Kontrolle über deine Gedanken. Konzentriere dich auf den Glauben, dass alle Menschen sämtlicher Geschlechter und Sexualitäten in Frieden und Harmonie zusammenleben können. Hier in Amerika haben wir dies in unserer Unabhängigkeitserklärung als das Recht auf Leben, Freiheit und dem Streben nach Glück definiert. Egal, wo du wohnst – um ein glückliches Leben zu führen, musst du diese Philosophie des Respekts vor der Würde und den Rechten aller Menschen unterstützen. Jemanden aufgrund seines Geschlechts oder seiner sexuellen Identität zu diskriminieren, zu verfolgen oder ihm grundlegende Menschenrechte zu verweigern, ist ein Verbrechen gegen die gesamte Menschheit. Es verwehrt sowohl den Unterdrückten als auch den Unterdrückern, wohlhabend zu sein oder zu werden. Wenn wir in einer wohlhabenden Welt leben wollen, müssen wir alle füreinander einstehen.

Ich könnte ganze Bücher über die seltsamen Überzeugungen und Ängste schreiben, die es rund um das Thema Sexualität gibt, aber das haben schon andere getan. Wir haben hier genug besprochen, um deine Überzeugungen zu diesem Thema zu erkennen und zu revidieren. Doch jetzt wird es wirklich brenzlig. Denn im nächsten Kapitel werden wir viele der verrückten, einschränkenden und schädlichen Glaubenssätze über Gott und Religionen auseinandernehmen.

Kapitel 8

Hoffnung, Dope und ein sehr toter Papst

ES WAR IM FRÜHJAHR 2005, ich saß in einem Café in Amsterdam und rauchte ein Tütchen. Der Fernseher an der Wand zeigte die Bilder von Menschen, die den Tod von Papst Johannes Paul II. betrauerten. Vielleicht waren es die Drogen, aber ich war zutiefst melancholisch. Ich dachte daran, dass der Papst, wie so viele vor ihm, ein sehr spiritueller, fürsorglicher und wohlmeinender Mensch gewesen war. Ein Mensch, der seinen Anhängern ein Erbe von Armut, Ignoranz und Verzweiflung hinterlassen würde.

Wenn du ein Katholik bist oder einfach nur jemand, der den Werdegang von Papst Johannes Paul II. verfolgt hat, könnten dich meine Kommentare schockieren oder beleidigen, weil du glaubst, dass der Papst ein guter Mensch war. Du wirst vielleicht überrascht sein, wenn du hörst, dass ich dir sogar zustimmen würde. Ich glaube wirklich, dass Papst Johannes Paul II. eine gute Seele war. Ich glaube aber auch, dass er eine ganze Menge schädlicher Überzeugungen propagiert hat, vor denen man sich in der Kategorie Gott bzw. Religion in Acht nehmen sollte. Die grundlegendsten Überzeugungen in dieser Kategorie lauten:

- Es ist spirituell, arm zu sein und Geld ist schlecht.
- Du bist nicht würdig.
- Frauen sind Männern nicht gleichgestellt.
- Du wirst als bedauernswerter Sünder geboren.
- Die guten Dinge bekommt man erst nach dem Tod.
- Nicht-Heterosexuelle sind makelbehaftet oder böse.
- Ungläubige und Abtrünnige haben kein Anrecht auf Menschenrechte.
- Man braucht einen Gott, um zu erkennen, was richtig ist.

Beginnen wir mit den Memes, die dich auf den Glauben programmieren, es wäre auf irgendeine Weise edel, tugendhaft oder spirituell, arm zu sein.

Papst Johannes Paul II. war mit so vielen schädlichen Geistesviren infiziert, dass er keine Ahnung von der Verwüstung hatte, die er anrichtete. Er bekämpfte den Kommunismus in seinem Heimatland Polen und auch rund um den Globus. Doch ich glaube, er war weiterhin mit der kommunistischen Gehirnwäsche infiziert, dass es tugendhaft sein soll, arm zu sein, und dass Reichtum unmoralisch wäre. Er kam sieben Mal in die USA und jedes Mal prangerte er den amerikanischen Materialismus an. In der Tat verachtete er die Auswirkungen des Kapitalismus bei jeder Gelegenheit – außer, wenn der Sammelkorb im Petersdom herumgereicht wurde.

Papst Johannes Paul II. hat auch Kontakt zu anderen Glaubensrichtungen aufgenommen – und dabei keine Gelegenheit ausgelassen, sie wissen zu lassen, dass ihnen im Moment der Wahrheit die einzige Tür zur

Erlösung vor der Nase zugeschlagen werden würde. Er lehnte Homosexualität, Geburtenkontrolle, Scheidung, erneutes Heiraten nach einer Scheidung und Frauen oder verheiratete Männer im Klerus energisch ab. Und weil er 95 Prozent der Kardinäle ernannte, die seinen Nachfolger wählten, hat sich seine rigide orthodoxe theologische Vision bis heute gehalten.

Schon jetzt wird eine weitere Generation von Kindern in kirchlichen Sonntagsschulen und privaten christlichen Schulen mit Selbsthass, Schuldgefühlen und Wertigkeitsproblemen infiziert, während das Christentum weiter voranschreitet. Mehr schwule und lesbische Teenager werden sich das Leben nehmen, weil sie glauben, von ihrem Gott verlassen worden zu sein. Mehr Frauen werden die Botschaft erhalten, dass sie lediglich Bürger zweiter Klasse sind. Mehr Menschen werden in freudlosen Ehen verharren, die sie nie hätten eingehen sollen und ihr komplettes Leben in trostloser Resignation verbringen.

Wenn es darum geht, negative Gedankenviren über Reichtum zu verbreiten, ist das Christentum ein häufiger Mitwirkender. Aber in vielen Tempeln, Moscheen und Synagogen auf der ganzen Welt findet die gleiche Art von negativer Programmierung statt. Diese Memes haben Milliarden von Menschen unbewusst infiziert. Denk an die vielen Arten und Weisen, wie dies in den von der Datasphäre gesteuerten Geschichten, Shows und Filmen demonstriert wird, über die wir schon gesprochen haben. Achte auch einmal darauf, wie diese Programmierung deine Alltagssprache infiltriert hat. Hast du jemals gesagt, jemand sei „arm wie eine Kirchenmaus“ oder jemand anderes sei „stinkreich“? „Mo‘ Money, Mo‘ Problems“

(Mehr Geld = mehr Probleme) mag zwar ein eingängiger Rap-Song sein, aber ich hatte viel mehr Probleme, als ich pleite, nicht als ich reich war. Die Sorge, wie man das Essen im Kühlschrank vor dem Verderben bewahrt, wenn der Strom abgestellt wurde, hat mich viel mehr beunruhigt als die Entscheidung, welches Auto ich heute fahren soll.

Wer in der Lage ist, sich von diesen Dogmen zu lösen und rational zu denken, erkennt sofort, wie sinnlos und schädlich solche Überzeugungen sein können. Armut bringt Menschen dazu, zu lügen, zu betrügen, zu stehlen und sogar zu töten. An Armut ist nichts Spirituelles. Und wodurch soll das Argument gestützt werden, dass arm zu sein auf irgendeine Weise edel oder tugendhaft wäre? Für eine solche Behauptung gibt es keine rationale oder logische Grundlage.

Wenden wir uns nun den Memes „Du wurdest als bedauernswerter Sünder geboren", „Du bist nicht würdig" und „Du bekommst die guten Dinge erst nach deinem Tod" zu. Und lass uns erkennen, warum sie dem Leben, das du führen willst, schädlich sein können.

Von allen Blockaden, auf die ich in Coachingsitzungen zum Thema Wohlstand stoße, sind die durch Religionen verursachten Unwürdigkeitsprobleme der Menschen am schwersten zu durchbrechen. Das liegt daran, dass Religion für die meisten Menschen eine hochemotionale Angelegenheit ist, und dass religiöse Kernüberzeugungen in der Regel schon im Alter von 10 Jahren fest verankert wurden. Diese Überzeugungen können dir dein ganzes Leben lang Schaden zufügen. Wie ich in Kapitel zwei erwähnt habe, basieren Konzepte wie die Erbsünde, der Achtfache Pfad, die Lehre vom Karma, der jüdische Bund und der muslimische Gesetzeskodex alle auf dem Glauben, dass man von Natur aus fehlerhaft ist und/oder eine Art von Erlösung braucht, um würdig zu sein.

In Sonntagsschulen wird fünfjährigen Kindern beigebracht, dass sie als bedauernswerte Sünder geboren wurden. In anderen Religionen wird jungen Menschen vermittelt, dass sie vielleicht 150 Leben nacheinander leben müssen, bis sie Erleuchtung erlangen. Wie soll sich jemand würdig fühlen, der erst bei Leben Nr. 97 angelangt ist? Und was ist mit Kindern, denen beigebracht wird, dass sie nur aus dem Grund in dieses Leben wiedergeboren wurden, um für die schlechten Taten zu büßen, die sie im letzten Leben begangen haben? Was denkst du, wie sich solche Aussagen auf das Selbstwertgefühl dieser jungen Menschen auswirken?

Bis jetzt haben wir lediglich die internen Probleme besprochen, die Religionen in Bezug auf Selbstwert und Würdigkeit erzeugen. Aber wir sollten auch die äußeren Probleme untersuchen, die sich manifestieren können. Manchmal können dich äußere Faktoren unbewusst in einer Form beeinflussen, dass du glaubst, du seiest aufgrund deines Glaubens irgendwie minderwertig. Während ich dies schreibe, sind in China mehr als eine Million Muslime willkürlich in Umerziehungslagern in der Provinz Xinjiang interniert worden. Die meisten von ihnen sind Uiguren, eine überwiegend türkischsprachige ethnische Gruppe. Versuch dir vorzustellen, welche Selbstzweifel eine solche Verfolgung hervorrufen und wie sie dein Selbstwertgefühl beeinträchtigen könnte.

Natürlich wäre ich nachlässig, wenn ich nicht die jüdische Gemeinschaft erwähnen würde und was sie als Volk durchgemacht hat. Auf der bewussten Ebene wird ihnen beigebracht, an ihre Religion zu glauben. Angefangen mit dem Gedanken, dass sie das auserwählte Volk seien, dass jüdische Werte wie die Zehn Gebote und die Thora ein Teil des Fundaments der amerikanischen Werte darstellen und wie stolz sie auf die Errungenschaften so vieler ihrer Glaubensbrüder und -schwestern sein können. (Etwa 30 % aller wissenschaftlichen Nobelpreise wurden an Juden verliehen, obwohl sie nur 0,2 % der Bevölkerung ausmachen usw.)

Aber wie sieht es auf der unterbewussten Ebene aus?

Christen sprechen von der jüdisch-christlichen Tradition, aber viele haben gemischte Gefühle, Ängste und manchmal sogar einen regelrechten Hass auf Juden. (Deshalb gibt es an hebräischen Universitäten Kurse über Judenfeindlichkeit.) Christen haben sehr widersprüchliche Botschaften erhalten. Zum einen, dass sie die Juden ehren sollen (1. Mose 12:3), während gleichzeitig Juden in Johannes 8:44 als die Ausgeburt des Satans bezeichnet werden. Und da ein Hauptgebot des Christentums lautet, dass man nur dann eine Eintrittskarte in den Himmel bekommt, wenn man Jesus als seinen Retter annimmt, schließt diese Möglichkeit Juden aus, da ihnen befohlen wird, nur Gott zu lieben. An alle empörten Christen, die dies lesen und denken: „*Wie kann er andeuten, dass ich Juden fürchte oder auf sie herabschaue? Meine ganze Religion basiert auf der Anbetung eines Juden. Das wäre doch verrückt.*“ Ja, das ist in etwa mein Punkt.

Hier im Westen sind nie irgendwelche Listen von Hindus in den Medien, Sikhs im Bankwesen oder von Mormonen, die Hollywood kontrollieren, im Umlauf. Aber über Juden werden diese Arten von Listen die ganze Zeit erstellt. Und mit Sicherheit werden viele Juden dieses Buch lesen, zustimmend mit dem Kopf nicken, aber nie auf die Idee kommen, eine Rezension auf Amazon oder einer anderen öffentlichen Seite zu veröffentlichen. Und warum? Weil sie von ihren Eltern und Großeltern darauf konditioniert wurden, den Kopf unten zu halten und das Thema Religion in der Öffentlichkeit zu vermeiden, um nicht zur Zielscheibe zu werden. Selbst Personen, die atheistisch oder agnostisch sind, aber aus einer jüdischen Kultur stammen, müssen sich vor Angriffen fürchten.

Und wir haben die wirklich ernsten Dinge noch gar nicht angesprochen ...

Wenn dein Heimatland von anderen Ländern umgeben ist, die sich der Zerstörung dieser Nation verschrieben haben, und wenn sechs Millionen deines Volkes bei dem Versuch gestorben sind, deine Rasse auszurotten, kann man dir vergeben (kein Wortspiel beabsichtigt), dass du einige Probleme mit deinem Selbstwert und deiner Würdigkeit entwickelst. Ich betone das nicht, um Uiguren oder Juden gegenüber anderen Religionen zu erheben. Meiner Meinung nach sind sie in den meisten Aspekten nicht anders als Hindus, Katholiken und andere Religionen. Aber kannst du dir vorstellen, wie die Angriffe und die Verfolgung dieser Religionen dazu führen könnten, dass sie unterbewusste Probleme mit ihrem Selbstwert haben?

Organisierte Religion verbindet häufig die Programmierung „nicht würdig" mit dem sehr destruktiven Meme, man solle im Hier leiden, um sich für eine Belohnung im Jenseits zu qualifizieren. Es glauben buchstäblich Milliarden von Menschen daran, dass sie, weil sie pleite sind, weil sie ausgebeutet werden oder weil sie anderweitig leiden, dadurch gottgefälliger werden und somit ein besserer Kandidat für den Himmel oder die Erlösung sind. Denk darüber nach, wie einschränkend sich ein solcher Glaube in deinem Unterbewusstsein auswirken und welches selbstsabotierende Verhalten er hervorrufen kann. Ob du nun glaubst, dass du fehlerbehaftet bist und der Erlösung bedarfst oder ob du davon überzeugt bist, dass du nicht dazu bestimmt sein kannst, in diesem Leben wohlhabend und glücklich zu sein (oder beides) – diese Art des Denkens führt häufig zu einem Leben von Mangel und Begrenzung.

Der Zustand deines Selbstwertgefühls beim Eintritt ins Erwachsenenalter kann nicht intensiv genug betont werden. Wenn du ein negatives, geringes Selbstwertgefühl hast, wird sich dies auf alles auswirken, was du für den Rest deines Lebens tust. Dieser Übergang im Leben ist für viele Menschen ein Wendepunkt, eine Zeit, in der sie bewegende Entscheidungen treffen, wie z.B. die Wahl eines Studiums, zu heiraten und eine berufliche Laufbahn zu beginnen. Wenn dein Selbstwertgefühl gering ist, wirst du diese Entscheidungen mit herabgesetzten Erwartungen, wenig ambitionierten Zielen und einer neutralen oder sogar negativen Vision für dein Leben treffen. Von dort aus geht es weiter zu selbstsabotierendem Verhalten in deiner Gesundheit, deinen Beziehungen und deiner Karriere.

Im vorigen Kapitel haben wir einige der verletzenden Glaubenssätze besprochen, welche organisierte Religionen über Sex und Sexualität verbreiten. Denke an die Wertigkeitsprobleme, die dies verursachen kann. Viele LGBTQ-Menschen sind unbewusst homophob oder transphob. Sie leiden unter ungelösten Schuldgefühlen und Selbstwertproblemen, die zu unbewusstem Selbsthass führen – was zu selbstzerstörerischem Verhalten wie ungeschütztem Sex, Crystal-Meth- und anderen Drogenabhängigkeiten oder sogar zu Selbstmord führen kann.

Das bringt uns zu dem Hass und der Gewalt, welche bestimmte Religionen gegen andere Religionen ausüben ...

Die Bibel, der Koran und andere heilige Bücher enthalten einige wunderbare Gleichnisse, die großartige Lektionen über ein Leben in Wohlstand darstellen. Aber sie lehren auch einige sehr gefährliche Ideen über Strafen für Abtrünnigkeit und Ungläubige, die von Gefängnisstrafen bis zum Tod reichen. Das wirft die Frage auf, ob eine Religion, die vorschlägt, Ungläubige und Andersgläubige einzusperren oder zu töten, irgendjemanden zu einem Leben in Frieden und Wohlstand führen kann. Was für eine Art von unterbewusster Programmierung wird dadurch erzeugt?

Abschließend sollten wir auch die weitverbreitete Überzeugung untersuchen, dass Religion notwendig sei, um uns auf einen Pfad zu führen, der moralvoll und richtig ist.

Der Anschluss an eine religiöse Gemeinschaft scheint der einfache Weg zu sein, weil man die ganze aufwändige, anspruchsvolle und zeitraubende Recherche für Ethik, Werte und Prinzipien nicht selbst durchführen muss. Denn die meisten Religionen (sogar die meisten Gangs und andere Sekten) liefern ein „Startpaket" von akzeptablen Glaubensvorstellungen, Philosophien und Verhaltensweisen. Wenn ich über dieses Thema spreche, sagen religiöse Menschen oft Dinge wie: „Ich folge meinem heiligen Buch, das mich darin leitet, was richtig und falsch ist. Wenn ich in die Versuchung käme, einen anderen zu vergewaltigen oder zu töten, leiten mich die heiligen Schriften zum richtigen Handeln an."

Aber brauchst du wirklich ein heiliges Buch, das dir sagt, dass Dinge wie Vergewaltigung und Mord falsch sind? Könntest du nicht auch zwei Minuten mit Nachdenken verbringen und zu dem gleichen Schluss kommen? Ich glaube, hier handelt es sich eher um Menschen, die nicht bereit sind, die Verantwortung für ihr eigenes Handeln und für ihre Moral zu übernehmen und die versuchen, diese Aufgabe an eine andere Instanz auszulagern. Stell dir vor, diese Menschen würden sich von ihrer Sucht entwöhnen und die Verantwortung akzeptieren, ein moralisch einwandfreies, gerechtes und wohlhabendes Leben zu führen. Was uns nun zum wichtigsten Teil dieser Diskussion führt …

Wie kannst du dich von all diesen schädlichen Überzeugungen über Gott und Religion befreien … und dich mit bestärkenden Überzeugungen über deinen Glauben neu programmieren?

Statt einschränkenden Denkmustern – wie etwa der Erbsünde – Glauben zu schenken, solltest du dich mit dem Glauben an den ursprünglichen Segen stärken.

Viele Menschen im Christentum propagieren das Meme, dass dein wirkliches Leben erst im Jenseits beginnt. Aber Jesus sagte: „Seid guten Mutes, denn er ist gekommen, um euch Leben in Fülle zu geben." Wie wäre es, wenn du den Glauben in Erwägung ziehst, dass uns dein Gott nach seinem/ihrem Ebenbild geschaffen hat, damit wir Selbstbestimmung üben und uns zu den höchstmöglichen Versionen dessen entwickeln können, was wir werden könnten? Und weil es sich um einen wohlwollenden Gott handelt, würde er/sie nicht wollen, dass wir hirnlose Drohnen sind, die Doktrinen und Dogmen folgen. Sondern frei denkende Wesen, welche die Fähigkeit besitzen, zu lernen und zu wachsen – und ihr eigenes Schicksal zu gestalten.

Erinnere dich immer wieder daran, dass es weder heilig noch spirituell ist, pleite oder ein Opfer zu sein. Ein Opfer zu sein, bedeutet ... ein Opfer zu sein. Du kannst keinen Wohlstand – oder wahre Spiritualität – manifestieren, solange du nicht bereit bist, deine Opferrolle loszulassen.

Triff deine Entscheidungen auf der Grundlage von Werten. Jedes Glaubenssystem, welches lehrt, dass du nicht würdig bist, dass du als bedauernswerter Sünder geboren wurdest oder dass du Erlösung durch eine höhere Autorität benötigst, ist wohlstandsfeindlich und somit bösartig. Jede Organisation, die versucht, dein freies Denken zu unterdrücken oder dir vorschreiben will, was du zu denken hast, ist gefährlich. Jede Philosophie, die besagt, dass du andere aufgrund ihres Geschlechts, ihrer Rasse, ihrer Religion oder ihrer Nicht-Religion verletzen, versklaven oder töten sollst, ist böse.

Hier sind ein paar Fragen, um dein kritisches Denken anzuregen:

- Was sind deine Vorstellungen von Gott und Religion?
- Bist du durch vernünftiges Nachdenken zu diesen Überzeugungen gekommen? Oder wurden sie dir von anderen Leuten einprogrammiert?
- Hast du deine religiösen Überzeugungen als Kind übernommen? Wenn ja, hast du seitdem kritisch darüber nachgedacht?
- Wie haben diese Überzeugungen dein Leben in den wichtigen Bereichen Geld, Sex, Gesundheit, Beziehungen und Karriere beeinflusst?
- Sind dir deine Überzeugungen über Gott und Religion dienlich oder sabotieren sie dich?

All diese religiösen Überzeugungen wirken sich auf deine geistige Gesundheit aus. Aber was ist mit der Rolle deiner Überzeugungen in Bezug auf deine körperliche Gesundheit und auf dein Wohlbefinden? Das werden wir als Nächstes untersuchen ...

Kapitel 9

Könntest du drei Klimmzüge machen, um dein Leben zu retten?

W**ENN JEDER MENSCH** auf der Welt morgen drei Klimmzüge machen müsste, um sein Leben zu retten – dann wäre das ein Ereignis, das dem Aussterben der Menschheit gleichkäme. Das erschreckt dich nicht? Sollte es aber. Vor allem, wenn du zu den 97 Prozent der Menschen gehörst, die diese drei Klimmzüge nicht schaffen würden – dann solltest du entsetzt sein. (Und daran arbeiten, es zu ändern.)

Wir haben heute mehr Wissen über Ernährung, Medizin und Wohlbefinden entwickelt als je zuvor. Wir haben in den Bereichen der Medikamente, der medizinischen Behandlungen und der Lebensverlängerung große Fortschritte gemacht. Dennoch erreichen Fettleibigkeit, Herzinfarkte, Schlaganfälle, Diabetes und andere degenerative Krankheiten ein epidemisches und pandemisches Ausmaß. Wir sind die am meisten überfütterte, aber am schlechtesten ernährte Gesellschaft in der Geschichte der Menschheit. Zum ersten Mal in dieser Geschichte ist es wahrscheinlicher, an Fettleibigkeit zu sterben als an Hunger.

Wir schaufeln uns unsere eigenen Gräber mit den Zähnen.

Diese Kategorie, in der es um Gesundheit und Wohlbefinden geht, ist die wichtigste der sechs Glaubenskategorien. Trotz der riesigen Zahl an Anti-Wohlstands-Memes und den allgegenwärtigen und erstickenden Glaubenssätzen in den anderen fünf Bereichen, glaube ich, dass dich Memes und falsche Vorstellungen über Gesundheit am meisten beeinflussen. Denn Gesundheit ist die grundlegende Basis deiner gesamten Erfahrung als Mensch. Niemand ist jemals zu beschäftigt, um an seinem Körper und Geist zu arbeiten. Sondern höchstens zu dumm, es zu tun. In meinem Fall waren zu wenig Energie und eine schlechte Gesundheit die größten Hindernisse, die mir im Weg standen, um mich neu zu erfinden. Ich würde wetten, dass das auch für viele meiner Leser die größte Hürde für die Erschaffung eines neuen Ichs ist. Das wirft die folgende Frage auf:

Warum sollten Menschen dagegen arbeiten, sich energiegeladen zu fühlen, sich einer guten Gesundheit zu erfreuen und länger zu leben?

Wie bereits bei den anderen Kategorien, über die wir gesprochen haben, wird auch dieses schädliche Verhalten durch eine Manipulation deines Unterbewusstseins von externen Kräften verursacht. In diesem Fall führt uns die Hauptquelle der Programmierung zurück zu unseren alten Freunden aus Kapitel vier: Den Marketern bzw. Vermarktern.

Die wichtigsten verbreiteten Memes in dieser Kategorie lauten:

- Lebensmittel kommen aus der Fabrik.
- Guter Geschmack = gesundes Essen
- Raffinierter Zucker ist natürlich und gesund.

- Diät- und Light-Limonaden helfen dir beim Abnehmen.
- Brot ist die Grundlage des Lebens.
- Mit verschreibungspflichtigen Medikamenten lassen sich schlechte Lebensentscheidungen beheben.
- Tägliches Training ist nur etwas für Profisportler.

Hinweis: Ich bin kein Ernährungswissenschaftler oder Diätberater. Und ich habe auch keine Lust, hier die Lebensmittelpolizei zu spielen. Ich werde hier nicht in die Tiefe gehen, was spezifische Diäten, Bewegungsroutinen oder medizinische Behandlungen angeht. Du wirst hier keine medizinischen Doppelblindstudien oder wissenschaftlichen Statistiken finden. Wir werden uns im Bereich der großen Zusammenhänge und des gesunden Menschenverstands bewegen. Es geht hier nicht darum, einen Doktortitel in gesunder Lebensführung zu erwerben, sondern zu verstehen, wie du dich in deinem Alltag vor schädlichen und gefährlichen Gewohnheiten schützen kannst. Suche dir einen Arzt, der etwas von Gesundheit und nicht nur von Krankheiten versteht, und lasse dich auch von anderen Wellness-Experten beraten. Außerdem gibt es großartige Bücher, die sich intensiv mit gesunder Ernährung, allgemeinem Wohlbefinden, Bewegung und Präventivmedizin befassen.

Beginnen wir mit dem weitverbreiteten Glauben, dass Lebensmittel in Fabriken entstehen. Die meisten Menschen denken nicht bewusst darüber nach. Lebensmittel sollten aus der Natur stammen, aber 90 Prozent der Dinge in unseren Küchen und Speisekammern kommen aus Fabriken, nicht von

Bauernhöfen. Wir sollten uns von Obst, Gemüse und Nüssen ernähren. Vegetarier und Fleischesser dürfen sich über die Art der weiteren Proteinaufnahme streiten. Ich werde mich aus dieser Debatte heraushalten. Außer, dass ich glaube, dass es im Verlauf eines Jahrzehnts gesellschaftlich nicht mehr akzeptabel sein wird, Tiere zur Ernährung zu züchten. Die Fortschritte in der Biogenetik werden perfekt schmeckende Alternativen aus pflanzlichen Quellen hervorgebracht haben. Und sogar „echtes" Fleisch wird ohne Quälereien im Labor aus Zellen gezüchtet werden.

Doch für die meisten Menschen dieser Welt stellen Dinge wie Currywurst, Chips, Pizza, zuckerhaltige Limonaden, Kekse, Kuchen, Süßigkeiten und fettiges, frittiertes Essen die Grundpfeiler ihrer Ernährung dar. Diese trickreich erschaffenen Produkte enthalten kaum oder gar keine Vitamine, Mineralien, Enzyme, Proteine, Antioxidantien und all die anderen lebenswichtigen Stoffe, die unser Körper braucht, um gesunde Zellen zu regenerieren. Unsere Körper schreien nach echter Nahrung, also essen wir noch mehr. Aber während diese leeren Kalorien, die wir zu uns nehmen, viel Fett, Zucker und Salz liefern, bieten sie nur wenige wertvolle Nährstoffe. Die Portionen werden immer größer und damit auch unsere Taillenumfänge.

Was ist mit den Vorratsartikeln in der Speisekammer, die ich erwähnt habe? Dort befinden sich Dinge wie Konserven, gezuckerte Frühstücksflocken und Nudeln – oft mit einem Verfallsdatum, das auch heute noch ein paar Jahre in der Zukunft liegt. Streichkäse aus der Dose – was glaubst du, welchen Nährwert der hat?

Denke an die Dinge, die sich wahrscheinlich gerade in deinem Gefrierschrank befinden, wie z. B.

Fischstäbchen, Mozzarella-Sticks, Pommes frites, Fleisch- oder Gemüsetaschen, Kroketten, panierte Zwiebelringe, Pizzabrötchen – auch an all das gefrorene Obst und Gemüse. Prüfe das Verfallsdatum auf einigen dieser Produkte. Schau dir die Menge des zugesetzten Zuckers an. Glaubst du wirklich, dass diese Lebensmittel einen höheren Nährwert haben, als wenn du ein Stück Pappe essen würdest? Es gibt Leute, die glauben, dass der Verzehr von Erdbeer-Schnitten dasselbe ist wie der Verzehr von Erdbeeren. Dass Apfelkuchen dem Verzehr von Äpfeln gleicht. Und dass Käsekuchen mit Karottengeschmack eine Alternative zum Verzehr von Karotten ist. Wahrscheinlich (so hoffe ich) würdest du keine Schokokekse zum Frühstück essen. Die Vermarkter wissen das, also produzieren sie stattdessen Schoko-Pops und Corn-Flakes mit Karamell-Geschmack. Und du weißt, was als Nächstes passiert. Diese Leute haben dich auf den Glauben programmiert, dass etwas, das dir gut schmeckt, auch gut für dich sein muss.

Das Frühstück vieler Menschen kommt aus der Mikrowelle, sie stopfen ihr Mittagessen am Schreibtisch in sich hinein und holen ihr Abendessen am Drive-In-Fenster ab. Fast-Food-Läden werden immer zahlreicher und unser hektischer Lebensstil zwingt immer mehr Menschen dazu, unterwegs zu essen. Überall haben die Leute einen großen Bedarf an richtiger und gesunder Ernährung. Und einfach nur ein paar Vitamine oder Mineralstoffe einzunehmen, löst das Problem nicht. Es geht nicht so sehr darum, was du deinem Körper zuführst, sondern vielmehr darum, was dein Körper aus den ihm zugeführten Dingen herausholen kann. Zahlreiche Studien haben gezeigt, dass viele frei verkäufliche Vitamin- und Mineralstoffpräparate lediglich durch deinen Verdauungstrakt wandern, ohne dir viel Nährwert zu liefern – manchmal sogar überhaupt keinen. Diese Pillen werden oft mit Tausenden von Pfund Druck maschinell gepresst, sodass dein Körper die Nährstoffe daraus einfach nicht aufnehmen kann.

Nun wollen wir uns mit dem Meme beschäftigen, dass Zucker natürlich und gesund ist. Es stimmt, Zucker ist ein natürlicher Stoff, aber das ist Arsen auch. Der größte Teil des Zuckers, den du heute konsumierst, ist alles andere als natürlich, denn er ist industriell verarbeitet und raffiniert. Er schmeckt süßer und macht noch süchtiger, gleichzeitig ist sein Nährwert noch geringer. Die American Heart Association (AHA) empfiehlt, die Menge an zugesetztem Zucker, die du konsumierst, deutlich einzuschränken. Die AHA sagt, dass dies für die meisten amerikanischen Frauen etwa sechs Teelöffel Zucker pro Tag sind, für Männer sind es etwa neun Teelöffel. Aber tatsächlich konsumieren wir etwa 32 Teelöffel. Das liegt daran, dass 80 Prozent aller produzierten Lebensmittel Zuckerzusätze enthalten. Die Forschung zeigt, dass der Großteil dieses überschüssigen Zuckers in Körperfett umgewandelt wird – was zu der langen Liste von schwächenden und chronischen Stoffwechselkrankheiten führt, mit denen so viele Menschen zu kämpfen haben.

Zu viel Zucker überlastet und schädigt, genauso wie Alkohol, deine Leber. Er schaltet dein System zur Appetitkontrolle aus, sodass du mehr isst. Und er kann eine Insulinresistenz verursachen. Dies führt zu einem Funktionsmangel in deinem Stoffwechsel. Dieser wiederum ruft eine Reihe von Symptomen hervor, darunter Gewichtszunahme, massiv erhöhtes

Unterbauchfett, vermindertes HDL und erhöhtes LDL, erhöhter Blutzucker und erhöhte Triglycerid- und Blutdruckwerte. Außerdem erhöht er deinen Harnsäurespiegel, was wiederum ein Risikofaktor für Herz- und Nierenerkrankungen ist. Es gibt äußerst überzeugende und belegbare Beweise dafür, dass zu viel Zucker in unserer Ernährung mit Verständnis- und Gedächtnisverlust einhergeht – einschließlich Alzheimer. Und vieles deutet darauf hin, dass Zuckerersatzstoffe auch nicht viel besser, möglicherweise sogar noch schlechter sind. Diese können eher dazu führen, dass du hungrig wirst, über den Tag verteilt mehr isst und Diabetes entwickelst.

Die Gehirnwäsche über Zucker und Zuckerersatzstoffe gehört mit zu den schädlichsten Dingen, die der Menschheit im Moment angetan werden. Den größten Schaden richtet sie wohl durch Limonaden an, weil sie den Körper auf so vielen Ebenen schädigen. Die durchschnittliche Person konsumiert 170 Liter Limonade pro Jahr. Und Diät- oder Light-Limonaden helfen dir nicht, Gewicht zu verlieren, sie helfen dir, dass deine Krankheiten zunehmen.

Dass Brot die Grundlage des Lebens sei, ist ein weiterer gefährlicher Irrglaube. Brot ist eher die Grundlage des Todes. Nicht nur mangelt es Broten aus Weißmehl an Nährstoffen, der Konsum solcher Brote laugt auch andere Nährstoffe aus deinem Körper aus. Je weniger Brot in deiner Ernährung vorkommt, desto gesünder wirst du sein.

Wir befinden uns an einem Scheideweg, an dem unser Wissen und unsere Technologie voranschreiten. Aber wir tun nur wenig, um davon zu profitieren. Und die Vermarkter setzen die Täuschung und Verwirrung auch noch weiterhin fort …

Ist dir aufgefallen, wie viel Werbung für Medikamente gemacht wird? Und worum geht es darin? Dass es sich hierbei um Wundermittel handelt, die all die schrecklichen Entscheidungen deines Lebensstils rückgängig machen können, die du in den letzten Jahrzehnten getroffen hast. Statt unsere Ernährungs- und Gesundheitsgewohnheiten zu verbessern, nehmen wir mehr Medikamente. Im Moment gibt es eine erstaunliche hohe Zahl von Menschen, die täglich mindestens 10 verschreibungspflichtige Medikamente einnehmen.

Denk zurück an das, was wir zuvor über die Matrix besprochen haben, die entsteht, wenn Memes mit Marketing, künstlicher Intelligenz und Algorithmen zusammentreffen. Hier ist die kalte Realität: Es ist viel lukrativer, Krebsbehandlungen, medizinische Versorgung und Medikamente zu verkaufen, als dir den Gedanken für Wellness und Prävention zu vermitteln.

Und dann haben sich auch noch zu viele Menschen an den Glauben gewöhnt, dass Sport nur etwas für Profisportler sei. Das ist lediglich ein weiterer Irrglaube, verbreitet von den Vermarktern, um dir Wundertränke zu verkaufen, mit denen du die Pfunde wegträumen kannst. Falsch. Jeder muss sich jeden Tag sportlich betätigen.

Du musst dich wehren und deine Gesundheit zurückgewinnen. Denn egal, für welche Version eines neuen Ichs du dich entscheidest, du wirst Energie, Wohlbefinden und geistige Schärfe brauchen, um dorthin zu gelangen.

Lass uns einige Möglichkeiten erkunden, wie du diese einschränkenden Überzeugungen über Gesundheit und Wohlbefinden auflösen und durch Überzeugungen ersetzen kannst, die dir dienlich sind …

Beginne damit, dem Glauben abzuschwören, dass es normal sei, in jedem Jahrzehnt deines Lebens fünf bis zehn Pfund mehr zu wiegen. Denn dieser Glaube wird dich umbringen. Gib die Vorstellung auf, dass es normal ist, mehr Medikamente zu nehmen, als du Finger an den Händen hast. Ändere deine Sichtweise in Richtung Prävention und Gesundheitspflege, nicht in Richtung Medizin und Krankheitspflege.

Millionen von Menschen akzeptieren Aussagen wie „Ich habe einfach nicht die Energie". Aber physische Energie liegt nicht in einem Regal herum und wartet darauf, abgeholt zu werden. Du findest keine Energie, du erschaffst sie. Du erschaffst sie durch den Treibstoff (Essen und Trinken), den du in deinen Motor (Körper und Geist) steckst.

Hör auf, Ernährungsentscheidungen nur danach zu treffen, was bequem ist oder süß schmeckt. Triff sie stattdessen danach, wie du deinen Körper und dein Gehirn nähren und mit Energie versorgen möchtest. Wenn du länger leben willst, dann nimm lebendige Nahrung zu dir. Wenn du früher sterben willst, dann konsumiere tote Nahrung. Der Unterschied zwischen beidem sind aktive, lebende Enzyme. Alle rohen Früchte, Gemüse und Nüsse enthalten lebende Enzyme. Je mehr du von diesen Produkten in deine Ernährung aufnimmst, desto mehr natürliche Energie wird dein Körper für dich produzieren.

Hör auf, nach Hacks und Abkürzungen zu suchen. Jeder braucht ein tägliches Herz-Kreislauf-Training und zwei- bis dreimal pro Woche Kraft- bzw. Widerstandstraining, um eine gute Gesundheit zu erhalten. Wenn du dein neues Ich kreierst, erschaffst du neue Prioritäten und tägliche Gewohnheiten, zu denen auch Bewegung gehört. Und vergiss deinen Geist nicht …

Der schädlichste Glaube für deine Gesundheit ist der Gedanke, dass es normal sei, rund um die Uhr auf einen Bildschirm zu glotzen und hyperalarmiert auf eine Lawine von Nachrichten, Trends, Kommentaren, Sticheleien und negativen Programmierungen zu reagieren.

Du wirst in jedem wachen Moment mit Reizen überhäuft und die meisten davon haben negative Auswirkungen auf dich. Um stabil, glücklich und gesund zu werden – und zu bleiben – musst du dich regelmäßig vom Netz abkoppeln. Gönne dir eine Form der Meditation, um deinen Geist zu beruhigen und Harmonie zu schaffen. Plane jede Woche etwas Zeit für dich und zum Nachdenken ein. Erstelle ein Trainingsprogramm für dein Gehirn, um deine kognitiven Fähigkeiten auf Trab zu halten. Nutze die Möglichkeit, um deine geistige Kapazität zu stimulieren.

Sobald du deine Glaubenssätze über Gesundheit und Wohlbefinden neu programmierst, wirst du auch die Verbesserungen in allen anderen Bereichen deines Lebens beschleunigen. Also sehen wir uns als Nächstes die abschließende Kategorie von Glaubenssätzen an: diejenigen über Karriere und Arbeit.

Kapitel 10

Falsche Identitäten ablehnen

STELL DIR FOLGENDES Szenario vor: Du bist ein junger Mann, der von der „Superheißen, coolen Innovationsgesellschaft (SCI) GmbH" eingestellt wurde, einer großen internationalen Firma mit hervorragendem Ruf. Die Menschen, die für diese Firma arbeiten, werden in der Branche verehrt und respektiert. Du trittst mit deinem jugendlichen Idealismus ein und beginnst, dich auf der Karriereleiter nach oben zu arbeiten. Nach ein paar Jahren deiner Zugehörigkeit stolperst du über die Information, dass das Unternehmen eine mehr als zweifelhafte Buchhaltung betrieben hat. Nun überlegst du, wie du dich verhalten sollst: Meldest du das ungesetzliche Verhalten und riskierst berufliche Repressalien? Oder vergisst du, was du gesehen hast und überlässt die Entscheidung jemand anderem? Und, eine weitere Frage: Glaubst du, dass es deine Vorgehensweise beeinflussen würde, wenn du ein „SCI GmbH"-Logo auf deinem Unterarm tätowiert hättest?

Ich bin mir sicher, dass es dich beeinflussen würde. Denn um dir diese Tätowierung verpassen zu lassen, müsstest du deine Verbindung zu diesem Unternehmen zu einem großen Bestandteil deiner persönlichen Identität gemacht haben – einer Identität, die du unbewusst zu schützen versuchen würdest.

Vorhin habe ich gesagt, dass du jedes Mal, wenn du dir selbst ein Etikett zuweist, eine Identität erschaffst, für die du dich rechtfertigen musst. Und dass dies ein Vorgang ist, durch den dein Intelligenzquotient sinkt. Ich möchte eines hinzufügen: Wenn das Etikett, das du dir selbst zuweist, aus deiner Unternehmensposition oder aus deinem Titel besteht, dann handelt es sich wahrscheinlich um ein Zeichen für ein niedriges Selbstwertgefühl oder falsch gesetzte Prioritäten.

In der Kategorie Karriere/Arbeit sind folgende die wichtigsten Memes und damit verbundenen Glaubenssätze, vor denen du dich hüten solltest:

- Man wird durch seine Position oder seinen Titel definiert.
- Unternehmen werden nur dann erfolgreich, wenn sie die Öffentlichkeit hinters Licht führen, den Planeten zerstören und/oder ihre Mitarbeiter ausbeuten.
- Man kann nur dann eine erfolgreiche Karriere hinlegen, wenn man gleichzeitig ein schlechtes Elternteil ist.

Sich über seinen Beruf zu identifizieren, ist ähnlich wie die Vorstellung, einen Partner zu brauchen, um sich selbst zu vervollständigen. Denke an diejenigen Menschen, deren Identität in erster Linie aus der Rolle eines Elternteils oder der des Ehepartners einer berühmten Person besteht. So etwas ist eine unvollständige, oberflächliche Selbstidentität, die selten gut endet. Sich über einen Titel oder über eine Position zu definieren, ist eine sehr einschränkende Art, sich selbst zu sehen. Wenn du dich als Buchhalter, Arzt, Anwalt usw. siehst – wer bist du dann, wenn du aus irgendeinem

Grund deine Zulassung oder Akkreditierung verlierst? (Hinweis: Der vorgehende Satz wurde von jemandem geschrieben, der sich selbst ausdrücklich als Schriftsteller identifiziert.) Arbeit sollte etwas sein, was du tust – nicht, wer du bist.

Lass uns dem zweiten Glaubenssatz auf die Spur gehen: dass Unternehmen und Unternehmer/innen ein böswilliges Verhalten an den Tag legen müssen, um erfolgreich zu sein ...

Während ich dies schreibe, befinden wir uns in den USA im Prozess der nächsten Präsidentschaftswahlen. Wie immer wird viel über Millionäre und Milliardäre gesprochen. Und du kannst dir vorstellen, welche Art von Schlussfolgerungen diese Gespräche beinhalten. Außerdem wird viel über Unternehmen gesprochen und darüber, wie viel sie an Steuern zahlen. Das aktuelle Angriffsziel ist Amazon, ein Unternehmen, das angeblich einen Gewinn von 2,5 Milliarden Dollar erwirtschaftet und null Steuern gezahlt hat. Amazon ist hier leicht als Bösewicht darzustellen. Aber wenn wir das Thema tiefgreifender betrachten, sind die Dinge ein wenig komplexer.

Amazon nutzt viele Steuervergünstigungen, um Investitionen für die Zukunft zu tätigen. Viele dieser Steuererleichterungen wurden ausdrücklich deshalb geschaffen, um Unternehmen einen Anreiz zu bieten, in die Zukunft zu investieren, damit sie ihre Bedeutung am Markt sicherstellen können. Und Amazon hat das auf großartige Weise getan. Das Unternehmen bietet heute einer Million Menschen einen Arbeitsplatz. Das sind eine Menge Gehaltsschecks, die diesen Haushalten ein Einkommen verschaffen, das besteuert wird. Und welches einen tiefgreifenden Welleneffekt für die Gesamtwirtschaft erzeugt. Auch können wir mit Sicherheit annehmen, dass das Unternehmen große Beträge an Umsatz-, Bundes- und Grundsteuern zahlt. Die Behauptung, dass Amazon ein Nullsummenspiel für die Staatskasse darstellt, ist kein rationales Argument.

Und nun, nachdem ich das gesagt habe …

Ist das US-Steuerrecht gerecht? Ganz bestimmt nicht. Und es ist auch erwiesen, dass die letzte Steuersenkung die reichsten Menschen und Unternehmen unverhältnismäßig stärker begünstigt hat als die Amerikaner mit geringerem Einkommen. Die Ungleichheit wird immer schlimmer. Aber trotzdem habe ich dem Finanzamt keine zusätzliche Einkommenssteuer überwiesen. Und ich wette, du auch nicht. Warum also Amazon dafür tadeln, dass sie jede legale Steuererleichterung nutzen, die dem Unternehmen zusteht – genau wie du und ich es getan haben?

Wenn du das Steuergesetzbuch umschreiben willst, großartig. Wenn du mehr Geld für wohltätige Zwecke spenden möchtest, ebenfalls großartig. Aber mach nicht Jeff Bezos zum Bösewicht. Damit gehst du nur dem Gedankenvirus auf den Leim, dass reiche Leute böse sind. Bezos geht seiner Arbeit als Vorstandsvorsitzender nach, um eine Rendite für seine Investoren zu erzielen. (Viele dieser Menschen haben dem Unternehmen in den ersten Jahren beigestanden und an es geglaubt, als es noch Millionen und Abermillionen von Dollar verlor.)

Wir können uns darauf einigen, dass das Steuersystem reformiert werden muss. Ohne gleichzeitig zu schlussfolgern, dass Unternehmen plündern, rauben und brandschatzen müssen, um erfolgreich zu sein. Eine solche Überzeugung ist dir nicht dienlich. Es gibt viele Befürworter eines bewussten Kapitalismus, die zeigen, dass es möglich ist, ein erfolgreiches Unternehmen zu werden und gleichzeitig seinen Kunden, Mitarbeitern und der Gesellschaft im Allgemeinen zu dienen. Und ja, man kann argumentieren, dass viele Unternehmen die Abkürzung wählen. Aber das macht die zuvor genannte Behauptung nicht ungültig.

Wenn du glaubst, dass Unternehmen und Unternehmer mit gezinkten Karten spielen müssen, um erfolgreich zu werden, dann ist es noch wahrscheinlicher, dass du auch dem nächsten einschränkenden Glaubenssatz verfällst: dass man sich zwischen seiner Familie und seiner Karriere entscheiden muss. (Oder dass die Entscheidung zugunsten einer erfolgreichen Karriere automatisch erfordert, dass man ein schlechter Vater bzw. eine schlechte Mutter sein muss.)

Statt mehr Zeit als nötig mit dieser Behauptung zu verbringen, lass es uns einfach halten: Es gibt Hausfrauen oder Hausmänner, die ihre Kinder psychisch oder physisch misshandeln und es gibt Menschen mit erfolgreichen Karrieren, die vorbildliche Eltern sind. Ob du einer geregelten Arbeit nachgehst oder nicht und welche Art von Arbeit du auch immer ausübst – diese Punkte sind nicht die definierenden Kriterien dafür, ein guter Vater oder eine gute Mutter zu sein. Das entscheidende Kriterium ist, ob du ein gutes Elternteil bist oder nicht.

Nun, nachdem du dir der Glaubenssätze bewusst bist, die du vermeiden oder umprogrammieren willst, lass uns einige alternative Glaubenssätze betrachten, die für dich bestärkender sind ...

Nicht jeder Mensch hat Freude an einer Arbeit, die als Unterstützung für das Allgemeinwohl betrachtet wird (Unterrichten, Krankenpflege, Krebsforschung usw.). Wenn Julia in einem Labor DNA-Proben untersucht, um Multiple Sklerose auszumerzen, und Ben als Anwalt arbeitet – macht das Julia zu einem besseren Menschen? Nicht im Geringsten. Denn dein Beruf bestimmt nicht über den Wert, den du als Mensch hast.

Und mehr Geld zu verdienen, wird dein Selbstwertgefühl auch nicht steigern. Die Art und Weise, wie du dein Geld verdienst – die tatsächliche Leistung und der Wert, den du mit deiner Arbeit erschaffst – hat einen viel stärkeren Einfluss darauf, wie du dich selbst siehst. Auch ein prestigeträchtigerer Titel macht dich nicht zu einem besseren Menschen. Verdienst und Berufsbezeichnung haben nicht mehr Einfluss auf deine Eigenschaften als Mensch, als es die Farbe eines Autos auf dessen potenzielle Höchstgeschwindigkeit hat. Selbst die Krebsforscher brauchen jemanden, der unsere Busse fährt, Orangen erntet und die Straßenlaternen installiert. Wenn du deiner Arbeit ehrlich nachgehst und den Wert lieferst, für den du angestellt bist, trägst du zu einer Gleichung bei, die Wohlstand entstehen lässt.

Manche Menschen finden eine berufliche Laufbahn, die sie mit Leidenschaft ausüben, die dem Allgemeinwohl dient und die es ihnen ermöglicht, wohlhabend zu werden. Andere gehen einer Arbeit nach, die sie leidenschaftlich gerne leisten, erfahren aber keine echte finanzielle Belohnung. Wieder andere Menschen machen eine Arbeit, die eine enorme finanzielle Gegenleistung bietet, doch sie sind nicht leidenschaftlich bei der Sache. Vielleicht entscheidest du dich für eine Tätigkeit als Lehrer, obwohl du weißt, dass dieser Beruf nicht so viel Geld einbringt wie der eines Börsenmaklers, kannst dich aber mit dieser Tatsache abfinden. Oder du entscheidest dich dafür, Börsenmakler zu werden, ein Vermögen anzuhäufen und anschließend Schulen in der Dritten Welt zu finanzieren. Erkenne einfach, dass deine Arbeitsstelle, dein Titel oder dein Beruf nicht darüber entscheiden, ob du ein erleuchteter Mensch bist oder ein Leben in Wohlstand führst.

Es gibt einen bekräftigenden Glauben, anhand dessen du dein Leben führen kannst: Dass du – egal wie deine Arbeitsstelle oder deine berufliche Laufbahn aussehen mögen – für dich einen Weg der Erleuchtung und des Wohlstands wählen kannst. Und das tust du durch die Art und Weise, wie du dein Leben führst, durch die Gewohnheiten, die du erschaffst und durch die Entscheidungen, die du jeden Tag triffst.

Hier ist ein weiterer Glaubenssatz, den ich dir vorschlage …

Nicht du findest deine Aufgabe im Leben. Deine Aufgabe findet dich. Vorausgesetzt, du bist achtsam genug, es zu bemerken. Und das Universum wird dir erst dann die nächste Aufgabe liefern, wenn du für deine derzeitige überqualifiziert bist. Wenn du es dir zur Absicht machst, jeden Tag mit Neugier und Staunen zu leben, Harmonie und Erleuchtung zu suchen und dich dem Wachstum und Lernen zu verschreiben, wirst du eine interessante und erfüllende Aufgabe finden, die deinem Fortschritt auf dieser Reise entspricht.

Und nachdem wir nun die gefährlichsten Glaubenssätze in den sechs Hauptkategorien aufgeschlüsselt – und einige bestärkende Alternativen gefunden haben, mit denen wir diese Glaubenssätze austauschen können – lass uns etwas erforschen, das zu einem unglaublichen Katalysator für deine Wiedergeburt werden kann: göttliche Unzufriedenheit …

Kapitel 11

Ein Leben in göttlicher Unzufriedenheit

Es passierte eines Morgens um 9:15 Uhr. Ich fuhr zu meiner Pizzeria, um meine Mitarbeiter hereinzulassen, Lieferungen anzunehmen und um 11 Uhr zu öffnen. Ich bemerkte zwei Typen, die an einem geparkten Auto herumlungerten. Als ich den Schlüssel in der Tür umdrehte, kamen sie auf mich zu und stellten sich vor, sie waren Finanzbeamte. Sie reagierten persönlich auf einen Brief, den ich der Behörde geschickt hatte, um einen Zahlungsplan für meine rückständigen Lohnsteuern zu beantragen.

Sie boten mir einen sehr einfachen Zahlungsplan an ...

Inklusive Verzugszinsen und Strafen belief sich meine Schuld auf 55.000 Dollar. Ihr Angebot: Ich stelle ihnen auf der Stelle einen Scheck über den Gesamtbetrag aus oder sie würden die Tür mit einem Vorhängeschloss verschließen und alle Geschäftswerte beschlagnahmen. Da der Kontostand auf meinem Girokonto mindestens 54.000 Dollar unterhalb dieses Betrags lag, gaben sie mir gerade einmal 15 Minuten, um drinnen ein paar verzweifelte, aber erfolglose Telefonate zu führen. Dann brachten sie das Vorhängeschloss an.

Während die Beamten draußen standen, hatte ich den Tresor und die Registrierkasse geleert, um meinen Mitarbeitern die darin befindlichen knapp 750 Dollar als einzige Abfindung anzubieten. Dann rief ich die Lieferanten an, um ihnen die Situation zu erklären und alle Bestellungen zu stornieren.

Das Auto, das ich fuhr, war geleast, die Wohnung, in der ich lebte, war gemietet. Und die wenigen Kreditkarten, die ich hatte, waren bis auf den letzten Cent ausgereizt. Ich hatte keine Ersparnisse, keine Arbeit und keine Ressourcen, auf die ich zurückgreifen konnte. Gedankenleer fuhr ich zur I-95 und dann Richtung Norden, weinte im Auto und dachte an die Demütigung und Scham, die ich empfinden würde, wenn ich versuchte, Familie und Freunden die Situation zu erklären.

Dies war mein zweites großes unternehmerisches Wagnis und mein zweites großes Desaster. Das erste hatte ich fabriziert, als ich 18 oder 19 war. Ich verkaufte meine Möbel, schlief auf dem Boden und aß dreimal am Tag Makkaroni mit Käse. Nicht die guten der Marke Kraft, denn da kosteten drei Schachteln einen Dollar. Ich aß die Handelsmarke, weil ich davon vier Schachteln für einen Dollar bekommen konnte. (Offensichtlich habe ich mich gerade als Babyboomer geoutet. Denn das war viele Jahre, bevor es trendy war, ein kämpfender Startup-Gründer zu sein, der sich von Ramen-Nudeln ernährt.)

Wir wollen uns nichts vormachen: Wenn du noch nie alle deine Möbel verkauft und auf dem Boden geschlafen hast – es ist mies. Richtig mies. Ein paar Lampen und Beistelltische zu verkaufen, ist zwar demütigend, aber nicht wirklich lebensverändernd. Doch wenn es darum geht, mit dem Küchentisch, dem Sofa und dem Bett Ernst zu machen – dann holt dich die gemeine Realität schnell ein. Wenn du wie ich bist, dann ist das Letzte, was du verkaufst, der Fernseher. Weil du deine Schlaflosigkeit vertreibst, indem du dir sinnlose Sitcoms und Werbespots für geschäftliche „Schnellstart-Systeme" ansiehst, um zu versuchen, dein verzweifeltes Leben auszublenden.

Wenn man 18 oder 19 ist, hat das alles etwas unheimlich Romantisches. Sich den Weg zurück erkämpfen. Bücherregale aus Pappkarton und Mauersteinen bauen. Beim Sperrmüll ein altes Sofa finden, über das man ein Laken werfen kann. Aber wenn du über 30 bist, deine Freunde verheiratet sind und Kinder, Häuser, Arbeitsstellen und regelmäßige Einkommen haben – dann verblasst diese perverse Romantik sehr schnell. Es ist dann einfach nur noch Mist. Und zwar die ganze Zeit lang.

Um alles noch schlimmer zu machen, waren diese geschäftlichen Misserfolge nur der Anfang meines Dramas. Eine Reihe gesundheitlicher Herausforderungen und toxischer Beziehungen erreichten zur gleichen Zeit ihren Höhepunkt – alles erschuf den perfekten Sturm einer dysfunktionalen, unglücklichen Existenz. Ich wollte mich umbringen, hatte aber nicht den Mumm dazu. Zum Glück hatte ich dann eine bessere Idee: erneut mein altes Ich zu töten und es durch eine neue, verbesserte Version zu ersetzen. Denn ich erkannte, dass ich nicht nur mein Leben hasste – ich hasste mich selbst. Ich sah mir an, zu wem ich geworden war und konnte den Kerl nicht ausstehen. Er war schwach, ignorant und ein professionelles Opfer. Also habe ich ihn getötet.

Sobald du die negativen Überzeugungen in den zuvor genannten sechs Kernbereichen losgelassen und durch bestärkende Überzeugungen ersetzt hast, befindest du dich im perfekten Geisteszustand, um dich neu zu erschaffen. Das Erschaffen eines neuen Ichs ist nicht einfach. Auf dem Weg dorthin gibt es viele unerwartete Wendungen, Enttäuschungen und Herausforderungen. Aber wenn dir dein altes Ich nicht gefällt und du trotzdem diese Person bleibst – wirst du für den Rest deines Lebens unglücklich sein.

Du wirst niemals einen höheren Preis für irgendetwas bezahlen als dafür, deinen Traum zu leben. Wenn man von dem Preis absieht, den du bezahlst, wenn du diesen Traum aufgibst.

Warum ich dir meine Geschichte erzähle? Damit du in der Lage bist, meine Erfahrungen auf die deinen zu übertragen. Und damit du den Weg vor dir sehen kannst, der dich zu einer neuen Version deines Ichs führt, die dir gefallen wird. In meinem Fall hatte ich es satt, energielos und müde zu sein, also begann ich, zu erlernen, wie ich gesund und energiegeladen sein konnte. Ich hasste es, 18-Stunden-Tage in einem Restaurant zu arbeiten in dem ständig das Fett spritzte. Ich hatte immer davon geträumt, Schriftsteller zu werden. Also schrieb ich eine Geschichte, reichte sie unaufgefordert beim Redakteur der *Miami New Times* ein, und er kaufte sie. Ich legte den allgemeinen Zulassungstest für den High-School-Abschluss ab, damit ich einige College-Kurse besuchen konnte. Sicher wäre es cool, wenn ich nun sagen würde, dass sich alles im Handumdrehen geändert hat, aber das wäre eine Lüge. Es hat ungefähr zwei Jahre gedauert. Doch am Ende dieser Zeit fühlte ich mich wie völlig erneuert. (Nicht zufällig dauert es etwa zwei Jahre, bis dein Körper alle Zellen vollständig regeneriert hat. In zwei Jahren bist du im wahrsten Sinn des Wortes ein völlig neuer Mensch.)

Dann begann die Zeitspanne, in der ich mich von einem armen in einen reichen Menschen verwandelte. Dies war ein Prozess des Lernens: wie man ein Unternehmen aufbaut und Geld verdient. Indem ich mir diese Fähigkeiten aneignete, wurde ich wohlhabend. Hierdurch konnte ich es mir leisten, außergewöhnliche Sportwagen, 10.000-Dollar-Schuhe und 65.000-Dollar-Uhren zu kaufen, mit der Concorde zu fliegen, Kunstgegenstände zu sammeln, 500 Dollar pro Woche für frische Blumen auszugeben und mir regelmäßige Massagen, Maniküren, Pediküren und Gesichtsbehandlungen zu gönnen. Und den Rest des Geldes habe ich für sinnlose Dinge verprasst.

Es waren berauschende Tage: Erfolg, Anerkennung und großartige Erlebnisse. Aber es fehlte etwas. Mein Kalender war voll, aber mein Leben war leer. Diese Situation schien ein unlösbares Rätsel zu sein. Es gab vier Dinge, derer ich mir ziemlich sicher war:

1. Ich glaubte, dass es meine Bestimmung sein würde, zu unterrichten. Ich wusste, dass ich dazu bestimmt war, Bücher zu schreiben und Seminare zu geben.
2. Ich wollte mehr schreiben und referieren.
3. Ich *liebte* das Schreiben und Sprechen.
4. Aber in diesem Moment meines Lebens fühlte ich mich völlig ausgebrannt. Und hatte absolut

keine Ahnung, wie ich für irgendjemanden irgendetwas von Wert schreiben oder berichten könnte.

Irgendetwas war ernsthaft aus dem Gleichgewicht geraten. Wer zum Unterrichten geboren wurde und es liebt, zu unterrichten, sollte niemals zu ausgebrannt sein, um zu unterrichten. Ich nahm mir also vor, die Ursache für diesen Widerspruch zu entdecken. Das führte dazu, dass ich mich von der Welt abkoppelte und eine zweijährige Auszeit nahm. Ich verkaufte meine Wohnung und alles, was darin war, nahm mit, was in meinen Rollkoffer passte, und machte mich auf den Weg zum Flughafen.

Ich war mir nicht sicher, ob ich in einer Berghöhle in Tibet meditieren, eine lesbische Kommune infiltrieren oder eine Boyband gründen sollte. Es war mir auch egal. Alles, was zählte, war, die Person zu begraben, die ich nicht mehr sein wollte. Und das neue, verbesserte Modell meiner selbst zu schaffen, das ich gerne sein wollte. Diese Auszeit war eine Spanne der tiefen Selbstbeobachtung und Entdeckung. Auf dem Weg dorthin klärte ich meine zwiegespaltenen Gedanken über das Konzept des Burnouts. Hier ist, was ich entdeckt habe:

Man wird nicht ausgebrannt, weil man zu viel gibt. Man brennt aus, weil man versucht, etwas zu geben, das man nicht besitzt. Du musst etwas geben, das in dir angelegt ist – und wenn du das tust, ist der Vorrat unerschöpflich.

Wenn man etwas entdeckt, das man wirklich leidenschaftlich liebt, wenn es unaufgefordert aus dem eigenen Wesen entspringt, kann man davon nie ausgebrannt werden. Die meisten Weltklasse-Tenöre spielen drei oder vier Rollen, für die sie berühmt sind und tun sonst nichts. Aber Placido Domingo singt mehr als 130. Bei einem Abendessen fragte ich ihn, ob das daran liegt, dass er eine größere Herausforderung sucht. „Es hat nichts mit Herausforderung zu tun", sagte er zu mir. „Ich habe Leidenschaft für die Musik. Und selbst wenn ich drei Leben lang leben würde, könnte ich niemals all die Musik aufführen, die ich liebe." Damals überraschte mich seine Antwort. Aber heute erscheint sie mir absolut sinnvoll. Die Musik entspringt dem Wesen des Maestros; die Musik ist, was und wer er ist.

Meine Auszeit hat in vielerlei Hinsicht für eine Transformation gesorgt. Zusätzlich zu meiner Erleuchtung über das Thema Burnout änderte ich meine Sichtweise über Geld und Erfolg. Ich begann, alle Dinge nach ihrer Bedeutung zu hinterfragen. Das Verlangen nach Erfolg wich dem Interesse an Bedeutung. Somit fand eine weitere Wiedergeburt statt.

Doch die Transformation zu einem neuen Ich ist kein einmaliges Ereignis. Es ist ein fortlaufendes, andauerndes Abenteuer. Seit meiner Auszeit sind etwas mehr als fünf Jahre vergangen. Und seitdem habe ich wieder einmal eine veraltete Version von mir begraben, die mir nicht mehr dienlich war (meine engen Freunde beschreiben das, während sie sich gegenseitig wissend anschauen, als „Randys vierte Midlife-Crisis").

Du könntest nun denken, dass ich jetzt verzweifelt hoffe, diese Version, die ich jetzt erschaffen habe, sei endlich „die richtige". Aber eigentlich ist genau das Gegenteil der Fall. Ich hoffe, dass ich lange genug auf diesem Planeten (oder möglicherweise einem anderen) bleibe, um mindestens fünf oder sechs weitere Versionen von mir zu begraben. Irgendwann auf der Reise möchte ich zurückblicken und darüber staunen können, wie unwissend ich noch vor drei Monaten war.

Hoffentlich geht es dir auch so ...

Mein sehnlichster Wunsch ist es, dass du das Leben als eine Reihe von Reisen siehst, alte Identitäten ablegst, neue Identitäten annimmst und dein Wohlstandsbewusstsein bis zu dem Zustand entwickelst, den ich als göttliche Unzufriedenheit bezeichnen werde. Dieser Geisteszustand ist eine spirituelle Erfahrung, eine, in der du in Dankbarkeit für alles leben kannst, was du bereits hast und dennoch einen angeborenen Hunger aufrechterhältst, noch mehr zu werden.

Du erschaffst eine mutigere Vision und größere Träume. Diese wirken wie ein Magnet und regen dich an, noch mehr zu wachsen, um diese Träume zu erreichen. Du entdeckst, dass dich dein bisheriges Gedankenniveau nicht dorthin bringt, wo du hinwillst, also entwickelst du neue Denkprozesse. Dies führt dich zu einem immerwährenden Kreislauf der Verbesserung, einem kontinuierlichen Streben, dich in die höchstmögliche Version deiner selbst zu entwickeln. Das ist der Ort, an dem die echten Durchbrüche zuhause sind.

Es ist die ultimative Demonstration von Wohlstand im Gesetz des Vakuums. Du erzeugst ein Vakuum und arbeitest dann – gemeinsam mit dem Universum – als Mitschöpfer, um dieses Vakuum mit Gutem zu befüllen.

Das alles beginnt damit, dass du dein System von Neuem startest und sicherstellst, dass du keine Fehlprogrammierung aus der alten Software übernimmst. Hiermit werden wir uns als nächstes befassen …

Kapitel 12

Starte dein Betriebssystem von Neuem

Gut, jetzt bist du bereit, die alte Version von dir loszulassen und das nächste Kapitel deines Lebens zu beginnen. Um einen sauberen Bruch mit den einschränkenden Verhaltensweisen deiner Vergangenheit zu vollziehen, musst du deine Betriebssoftware aktualisieren und das System neu starten. Wir wollen sicherstellen, dass dein „neues Ich" nicht auf einer alten, negativen Programmierung aufgebaut ist. Damit du erfolgreich von Neuem starten kannst, sind drei Aktionen erforderlich. Lass uns diese drei Aktionen zuerst im Allgemeinen betrachten. Dann werden wir einige der gezielten Möglichkeiten erkunden, wie du die Programmierungen, denen du unterliegst, ändern kannst.

1. Lernpläne einsetzen

Früher habe ich Menschen in meinen Podcast-Interviews gebeten, etwas mitzuteilen, wozu sie erst vor Kurzem ihre Meinung geändert haben. Mittlerweile stelle ich diese Frage nicht mehr, weil ich damit zu viele Leute kalt erwischt habe (auch, wenn es mir nicht darum ging, jemanden in Verlegenheit zu bringen). Erinnerst du dich an das vierte Kapitel, in dem wir darüber gesprochen haben, dass Vermarkter niemals versuchen, die Kaufgewohnheiten von Menschen über 40 zu ändern? Das liegt daran, dass die meisten Menschen zu diesem Zeitpunkt in ihrem Denken und Verhalten zu fest verankert sind. Sie sind nicht mehr bereit, ihre Meinung zu ändern.

Das ist auch der Grund dafür, warum so viele Menschen das Gefühl haben, dass ihr Leben bedeutungslos geworden ist, wenn sie ein mittleres Alter erreicht haben. Sie haben aufgehört, zu lernen, und lassen stattdessen einfach nur noch alle Erfahrungen durch den gleichen Filter laufen, indem sie sich nur noch an Quellen orientieren, die ihnen ihre eigene Voreingenommenheit bestätigen. Auf diese Weise bleiben sie ständig im Gleichklang mit all ihren zuvor erworbenen Schlussfolgerungen.

Um deine radikale Wiedergeburt zu erschaffen, musst du die menschliche Tendenz überwinden, dich einzuigeln. Und du musst die Weiterentwicklung deiner Gehirnstrukturen zurückgewinnen. Das bedeutet, Lernpläne aufzustellen, die dich herausfordern. Mit 59 habe ich Ernst damit gemacht, fließend Spanisch zu lernen. Mit 60 fing ich mit Französisch an. Jetzt, mit 61, möchte ich Klavier spielen lernen. Wenn ich 85 bin, fange ich vielleicht mit Maschinenbau an. Oder mit Seiltanzen.

Die meisten Menschen wollen auf ihrem Weg zum Erfolg die Lücken in ihren Fähigkeiten schließen, indem sie es mit einer einmaligen Nachbesserung versuchen. Ich verstehe diese Vorgehensweise. Es gibt auch einige gute Gründe, die dafürsprechen. Doch wenn du glaubst, diese Lücken durch einmaliges Erreichen eines bestimmten Ziels oder Ergebnisses lösen zu können, entsteht ein Problem. Eine bessere Herangehensweise ist daher, wenn du einen Lernplan erstellst. Denn auf diese Weise verlagerst du deinen Fokus. Du konzentrierst dich nicht mehr auf das Erreichen eines bestimmten Ergebnisses, sondern darauf, zu welcher Persönlichkeit dich diese Tätigkeit werden lässt. Du entwickelst dich zwar zu dem Menschen, der das Ergebnis tatsächlich erreicht. Aber bei diesem Ergebnis handelt es sich nicht um eine „einmalige Sache", sondern um eine weitere Stufe deiner Verwandlung und Weiterentwicklung.

Hier ist ein Beispiel dafür, wie sich das Unterscheiden zwischen diesen beiden Ansätzen auswirkt. Statt das Ziel zu verfolgen, eine erstklassige Präsentation im Vorstandsbüro zu liefern, würdest du dich darauf konzentrieren, ein besserer Kommunikator zu werden. Statt einfach nur ein einzelnes Ziel zu erreichen, gestaltest du nun eine echte, lebenslange Veränderung und verbesserst dich dauerhaft auf sinnvolle Weise.

Wie sieht ein solcher Lernplan aus und wie setzt du ihn um? Lass mich dir erzählen, wie ich diese Praxis in mein Leben integriert habe ...

Ich bin sehr dafür, meine Fehler und Schwächen zu verbessern. Aber ich will das nicht tun, indem ich das weitere Verbessern meiner Stärken darunter leiden lasse. Denn in acht von zehn Fällen erzielst du bessere Ergebnisse, wenn du deine Zeit bzw. Mühe auf die Bereiche konzentrierst, in denen du bereits gut bist. Das ist nicht immer der Fall, aber meist wirst du hierdurch ein besseres Endergebnis erzielen, als wenn du versuchst, all deine Fähigkeiten auf ein gleichhohes Niveau zu bringen.

Hier ist ein Beispiel: Als Schriftsteller sehe ich die Verbindung zu meinen Lesern als den wichtigsten Teil meiner Arbeit an. Da meine Bücher in 25 Sprachen veröffentlicht werden, wollte ich mich auf einer tieferen Ebene mit mehr meiner Fans verbinden. Dazu kann ich bestimmte Strategien anwenden – z. B. einige meiner beliebtesten Zitate als Powerpoint-Folien übersetzen lassen, Social-Media-Updates in anderen Sprachen posten und einige meiner Videos mit Untertiteln versehen lassen. (All das habe ich schon mit positiven Ergebnissen getan.) Aber ich dachte auch immer darüber nach, welchen Unterschied es machen würde, wenn ich mit mehr Menschen direkt in ihrer Muttersprache sprechen könnte.

Also habe ich, wie du oben gelesen hast, einen Lernplan erstellt, um verschiedene Sprachen fließend zu sprechen und angefangen, Spanisch zu lernen. Für den Anfang kaufte ich einen Online-Kurs und begann mit dem Unterricht. Als Nächstes entdeckte ich die Duolingo-App und wechselte zu dieser. Um eine Sprache zu lernen, muss man täglich üben, also umfasste mein Lernplan mindestens zwei Lektionen pro Tag in der App, das Lesen spanischer Blogs und das Ansehen spanischer Filme und Fernsehsendungen. Ich ging an mehr Orte, an denen ich Spanisch üben konnte, und ergänzte die Playlisten meiner Trainingsmusik mit Dandy Yankee, Shakira, Marc Anthony, Enrique Iglesias und Pitbull.

Mittlerweile spreche ich etwa zu 90 Prozent fließend Spanisch. (Auch wenn ich Muttersprachler immer noch häufig anflehen muss: „Por favor, habla más despacio!“) Letztes Jahr hielt ich in Peru einen Basisvortrag vor 6.000 Menschen in ihrer Muttersprache, damit sie mich intensiver erleben konnten, und es war für alle 6.001 von uns die pure Magie. Jetzt bin ich nicht nur besser in der Lage, mit Millionen von Menschen zu kommunizieren, sondern habe auch eine Fähigkeit entwickelt, die mein Leben auf unzählige Arten bereichert. Die gleiche Vorgehensweise habe ich genutzt, um besser schreiben zu lernen, Softball-Meisterschaften zu gewinnen, mich in den sozialen Medien zurechtzufinden und mich in zahlreichen anderen Bereichen zu verbessern. All das, während ich mich immer wieder von Neuem erschaffe.

Nehmen wir an, dein Chef sagt zu dir, dass du vor 300 Leuten auf einer Bühne sprechen musst, du aber noch nie eine Rede gehalten hast. Dann könntest du dich einfach nur auf das Ziel konzentrieren, diese Rede effektiv zu halten und sie bloß nicht zu vermasseln. An diesem Ziel wäre nichts falsch. Du könntest aber auch einen Lernplan erstellen, wie du zu einem charismatischen Redner wirst. Dein Lernplan könnte dann etwa so aussehen:

- Du trittst einer Toastmasters-Gruppe bei.
- Du verpflichtest dich dazu, jeden Monat zwei Präsentationen zu halten, und findest einen Mentor, der sich bereiterklärt, diese zu kritisieren.
- Du beginnst mit der Teilnahme an Treffen eines lokalen Verbandes einer nationalen Rednervereinigung.
- Du siehst dir jede Woche ein Video einer großartigen Rede auf YouTube an und analysierst die wertvollsten Lektionen, die du anwenden kannst.
- Du liest jeden Monat ein Buch über Präsentationstechniken.

- Du besuchst mein jährliches Rednerseminar.
- Du studierst die Vorgehensweisen von Comedians, Magiern und Musikern, um Bühnenfähigkeiten zu erlernen, die du als Redner anwenden könntest.

Als Ergebnis wirst du einerseits, wie von deinem Chef verlangt, dein Ziel erreichen, eine wirkungsvolle Rede zu halten. Aber du würdest auch eine wertvolle neue Fähigkeit entwickeln, die dir bei deinen aktuellen und zukünftigen Tätigkeiten sowie auch in vielen anderen Bereichen deines Lebens von Nutzen sein wird.

Nehmen wir an, du findest heraus, dass deine einzige Bremse, eine bessere Führungskraft zu werden oder eine befriedigendere Ehe zu führen, aus einem Mangel an Einfühlungsvermögen besteht ...

Dann könntest du einen idealen Lernplan dazu erstellen, indem du dich entscheidest, jeden Monat ein Buch zu diesem Thema zu lesen und ein paar Blogs oder YouTube-Kanäle zu finden, die sich mit dem Thema Empathie beschäftigen. Dann könntest du deinem Lernfortschritt nochmals einen wirklichen Schub geben, indem du einige Erfahrungen aus dem wirklichen Leben hinzufügst. Zum Beispiel, indem du als Trainer für die Fußballmannschaft deiner Tochter aktiv wirst und ehrenamtlich in der Essensausgabe in einem Obdachlosenheim arbeitest.

Wenn du deinen Lernplan auf diese Weise erstellst, erzielst du viel bessere Ergebnisse. Du beschleunigst deine Lerngeschwindigkeit um ein Vielfaches, wenn du dir diese Verpflichtung zum Lernen zu eigen machst. Du hörst auf, das Leben als etwas zu betrachten, das dir lediglich zustößt und beginnst, es als etwas zu betrachten, das du selbst mitgestaltest. Strukturiere dein Leben so, dass du ständig neue Fähigkeiten erlernst, mehr Wissen sammelst und dein Gehirn auf Trab bringst.

Einschränkende Überzeugungen, selbstsabotierende Verhaltensweisen und ein geringes Selbstwertgefühl sind in Wirklichkeit nur auf einen Mangel an Wissen zurückzuführen. Diese Haltungen entstehen aus einer tieferen Unwissenheit – daraus, nicht zu wissen, was man nicht weiß. Um die bestmögliche Version unserer selbst zu erschaffen, müssen wir uns also einfach nur zu lebenslangem Lernen verpflichten.

2. Ändere deine Herangehensweise – weg von der Suche nach Belohnung, hin zum Erschaffen von Werten

Dein Wohlstand befindet sich bereits dort draußen und wartet nur darauf, dass du ihn abrufst. Aber du kannst ihn nicht einfach herunterladen wie eine neue Serie auf Netflix. Denn wahrer Wohlstand ist eine Gleichung, die durch den Austausch von Werten entsteht. Du „verdienst" deinen Wohlstand, indem du Werte für das Universum erschaffst. Genauer gesagt, indem du Wege findest, Probleme zu lösen und hierdurch Werte hinzufügst.

Wenn du 500 Dollar dafür erhältst, weil du im Auftrag eines Mafioso jemanden umbringst, hast du dieses Geld im Grunde genommen dem Universum gestohlen. Weil du keinen wirklichen Wert für das Allgemeinwohl geschaffen hast. Es ist eine einmalige, nicht wiederkehrende Transaktion, die keine dauerhafte Werthaltigkeit entstehen lässt. Wenn du auf der anderen Seite 500 Dollar verdienst, indem du auf einem Bauernhof Nutzpflanzen anbaust, hast du einen Wert auf eine Art und Weise ausgetauscht, die das größere Wohl nährt und unterstützt.

Das bedeutet nicht, dass deine Tätigkeit an deiner Arbeitsstelle oder in deiner eigenen Firma ein Akt der Selbstlosigkeit sein muss. Wenn du eine großartige Massage anbietest und jemand bereit ist, dir einen bestimmten Betrag dafür zu bezahlen, hast du einen vorteilhaften gegenseitigen Austausch von Werten geschaffen. Aber wenn du den Fokus deines Lebens ausschließlich darauf legst, mehr Wohlstand für dich selbst anzuziehen, wirst du am Ende das genaue Gegenteil erzeugen.

Denke eher im Sinne der Philosophie, die Bob Burg und John David Mann in ihrer Buchreihe „Der Go-Giver" zu diesem Thema vertreten. Burg stellt fest: „Jeder Austausch, bei dem beide Parteien profitieren (beiden geht es anschließend besser als zuvor), erhöht nicht nur den Wohlstand der beteiligten Individuen, sondern auch für die Gesellschaft als Ganzes."

„Im Gegensatz zu einem Tausch, bei dem nur eine Partei auf Kosten der anderen profitiert (Im Sinne von: ‚Wenn ich ein größeres Stück Kuchen will, muss ich jemand anderem etwas wegnehmen, wodurch dessen Stück kleiner wird'), besagt ein gegenseitiger Austausch von Werten, bei dem alle Beteiligten profitieren: ‚Wenn ich ein größeres Stück Kuchen will und du das ebenfalls möchtest, lass uns zusammenarbeiten und einen viel größeren Kuchen backen.' Indem du den Reichtum anderer Menschen vergrößerst, hast du auch deinen eigenen Reichtum vergrößert."

Der beste Weg, Wohlstand in dein Leben zu ziehen, besteht darin, Wohlstand zu verbreiten und in Bewegung zu halten. Es mag dreist klingen, aber ich glaube, dass zu Bruce Lees Philosophie, man solle „wie das Wasser sein" noch ein weiteres Element gehört. Eines, das für das Verwirklichen von Wohlstand in deinem Leben relevant ist. Wenn Wasser lediglich in einem Becken steht, stagniert es, wird trüb und du würdest es sicher nicht trinken wollen. Aber wenn Wasser in einem Bergbach sprudelt oder aus einer Quelle entspringt, ist es eines der erfrischendsten Getränke.

Ständiges Nehmen und ängstliches Horten erschaffen Mangel und Rezession. Und es ist unnötig, weil alle wahren Formen des Wohlstands unendlich sind. Geld, Liebe, Umarmungen, Freundlichkeit – all das sind Ressourcen, die ständig wieder aufgefüllt werden können. Wenn du jemandem eine Umarmung gibst, hast du nicht eine Umarmung weniger in deinem Inventar. Sondern du erhältst im Gegenzug eine Umarmung zurück. Wenn du Werte frei zirkulieren lässt, löst du die Energieblockaden und hältst deinen und den Wohlstand anderer im freien Fluss.

Wenn du zu den Menschen gehörst, die ständig befürchten, dass sie ausgenutzt werden, dann stecke einfach bestimmte Grenzen ab. Aber du wirst feststellen, dass die meisten Akte der Großzügigkeit auch Reaktionen hervorrufen, die großzügig sind. Ein Lächeln und eine fröhliche Begrüßung des Mitarbeiters am Tresen, bevor du dein Essen bestellst, ein Dankeschön für die Geduld des überforderten Angestellten am Flughafenschalter, ein Blumengruß an jemanden oder eine Mahlzeit für einen älteren, alleinstehenden Menschen – all das sind Beispiele dafür, Wohlstand zu verbreiten und Samen zu säen, die auf wundersame Weise zu dir zurückkommen werden.

Großzügigkeit erschafft weitere Großzügigkeit.

Wenn du auf der Jagd bist – egal, ob du nach Menschen suchst, denen du etwas verkaufen willst, die etwas für dich tun sollen, von denen du Geld haben willst oder mit denen du ausgehen möchtest –, strahlst du möglicherweise eine Aura von Verzweiflung, Bedürftigkeit oder Gier aus. Diese Ausstrahlung wird dir kaum helfen, großen Wohlstand in deinem Leben entstehen zu lassen. Wenn du aber deinen Blick nicht mehr auf die Suche nach „Beute", sondern auf das Hinzufügen von Werten verschiebst, wirst du überrascht sein, wie viel Fülle du im Gegenzug erhältst. Je mehr Wohlstand du verbreitest, desto mehr Wohlstand wird auch in deine Richtung fließen. Überraschenderweise handelt es sich hierbei nicht um einen gleichmäßigen Tausch. Denn du wirst im Gegenzug um ein Vielfaches mehr erhalten. Die Welt verehrt großzügige Menschen und du kannst das Universum in seiner Großzügigkeit nicht übertrumpfen. Ich weiß das, weil ich es versucht habe.

Wenn du eine Haltung der Großzügigkeit annimmst, findet etwas viel Wichtigeres statt. Du änderst nicht nur deine Einstellung, du änderst auch, wer du bist. Du beginnst den Verwandlungsprozess zu deinem neuen Ich. Das bringt uns zur Neustart-Aktion Nummer …

3. Traue dich, wieder zu träumen

So ziemlich jedes Kind beginnt mit einer idealisierten Vorstellung davon, wie sein späteres Leben einmal aussehen wird. Es wird nicht viele Fünfjährige geben, die davon träumen, wenn sie groß sind, einmal bei Lidl, Pizza Hut oder an einem Fließband zu arbeiten. Die meisten Kinder sind sich ziemlich sicher, dass sie Rockstar, Fußballspieler, Astronautin oder Premierminister sein werden. Selbst Kinder, die in bitterer Armut, unter Diktaturen oder in Flüchtlingslagern leben, haben noch Träume.

Vor vielen Jahren habe ich mich einer Gruppe von Pflegekindern angenommen, die den schlimmsten Arten von Missbrauch ausgesetzt waren, denen das Sozialsystem je begegnet ist. Es waren Kinder, die in den meisten normalen Pflegeheimen nicht aufgenommen werden konnten. Sie waren Inzestopfer ihrer Eltern, wurden als Sexsklaven verkauft, vergewaltigt, hatten zugesehen, wie ihre Eltern ermordet wurden (oder in einem Fall miterlebt, wie ein Elternteil den anderen ermordete) und haben viele andere schreckliche Erfahrungen gemacht, denen kein Mensch, geschweige denn ein Kind, jemals ausgesetzt sein sollte. Dennoch war ich erstaunt über die Träume, die sie noch hatten, und über den Optimismus, mit dem sie in ihre Zukunft blickten. Die Widerstandsfähigkeit von Kindern ist außergewöhnlich.

Aber zu dem Zeitpunkt, an dem der Übergang zum Erwachsensein beginnt, hat die große Mehrheit der Kinder – egal, ob sie in den Situationen, die ich gerade erwähnt habe oder auch in passablen Umgebungen aufgewachsen sind – ihre Träume dramatisch reduziert und ihr Selbstwertgefühl ist auf ein deutlich niedrigeres Niveau gesunken. Bei vielen jungen Erwachsenen sinken diese Werte, Jahrzehnt für Jahrzehnt, sogar noch weiter ab. Dieser Entwicklung darfst du nicht zum

Opfer fallen. Vergrößere stattdessen das Fenster, durch das du die Welt betrachtest. Und erschaffe eine neue Perspektive, die dich dazu inspiriert, jeden Moment in Ehrfurcht, Vorfreude und Dankbarkeit zu leben.

Eines der schlimmsten negativen Memes, das es zum Thema Erfolg gibt, ist die folgende Ermahnung: „Sei zufrieden mit dem, was du hast." Es steht außer Frage: Glücklich zu sein ist eine Entscheidung. Du kannst dich dafür entscheiden, glücklich zu sein, egal ob du jährlich 13.000, 300.000 oder 300 Millionen Dollar verdienst. An dieser Aussage ist also tatsächlich etwas Wahres dran. Aber das bedeutet nicht, dass du dich mit einem Leben der Stagnation zufriedengeben solltest.

An dieser Stelle kommt nun die göttliche Unzufriedenheit ins Spiel, auf die ich in Kapitel elf hingewiesen habe. Denn die beste Möglichkeit, mehr zu werden, besteht darin, mehr zu wollen. Ich schreibe etwa 75 Prozent meines Wachstums und meines Erfolgs dem Urbedürfnis zu, dem wohl alle kohlenstoffbasierten Lebensformen unterliegen: Der Neigung, einen höheren Lebensstandard zu pflegen, als es unser Einkommen erlaubt. Wenn ich jedoch vor der Wahl stehe, dann versuche ich nicht, meine Wünsche zu verkleinern, sondern Wege zu finden, meine Verdienstmöglichkeiten zu erhöhen. Ich suche nach neuen und besseren Wegen, wie ich Probleme lösen und Werte schaffen kann, um auf diese Weise mehr Wohlstand in meine Richtung zu ziehen. Das Gleiche kannst auch du tun.

Auf unseren persönlichen Wohlstand bezogen, bedeutet das nicht, sich zu verschulden. Es bedeutet, mehr Werte für das Universum zu schaffen, wodurch sich wiederum dein Einkommen erhöht. Dein Wunsch nach mehr veranlasst dich, mehr zu werden. Deshalb ist das Setzen von Zielen, das Erstellen von Traumtafeln und die Planung von Aktivitäten für deinen Erfolg so wichtig. Jede dieser Aktivitäten veranlasst dich, das Fenster zu erweitern, durch das du die Welt betrachtest. Jedes Mal, wenn sich das Fenster erweitert, bist du dazu aufgefordert, dich der höchstmöglichen Version deiner selbst anzunähern. Das ist der freudvolle Weg des Wohlstands, der Sehnsucht und schließlich des Erfolges.

Sobald du diese drei Aktionen abgeschlossen sowie deine interne Software aktualisiert und neu gebootet hast, kannst du mit dem Aufbauprozess der radikalen Wiedergeburt beginnen und dich Schritt für Schritt von Neuem aufbauen. Darüber sprechen wir im nächsten Kapitel …

Kapitel 13

Der Entwurf deiner idealen Vision

Dein neues Ich erschaffst du nicht, weil du Energie investierst, um die Vergangenheit niederzureißen, sondern indem du dich darauf fokussierst, die Zukunft aufzubauen. Der Prozess der radikalen Wiedergeburt wird von deiner Vision angetrieben, welche Art von Leben du gerne führen möchtest. Jetzt, da dein Betriebssystem aktualisiert wurde und du es von Neuem gestartet hast, lass uns damit beginnen, eine Vision für dein neues Leben zu erarbeiten.

Es ist bemerkenswert, wie viele Menschen glauben, dass sie keine Vision haben. (Genau das habe ich schon hunderte Male als Antwort erhalten – sowohl in meinen Seminaren als auch in den sozialen Medien.) Würdest du die nächsten 100 Menschen, die du triffst, danach fragen, würden dir die meisten bestimmt sagen, dass sie keine klare Vision für sich selbst haben. Doch sie würden sich irren. Denn jeder Mensch hat eine Vision. Was viele Leute nicht verstehen, ist, dass es sich bei einer Vision nicht immer um eine optimistische Visualisierung einer idealisierten Zukunft handeln muss. Das ist nur eine Möglichkeit einer Vision. In Wirklichkeit gibt es drei Arten von Visionen, die man für sich selbst haben kann:

- Neutral
- Negativ
- Positiv

Der Grund dafür, warum so viele Menschen in Mangel und Einschränkung leben, ist, dass sie den Übergang zum Erwachsensein mit einem geringen Selbstwertgefühl durchlaufen. Und dann, wissentlich oder unwissentlich, eine neutrale oder eine negative Vision für ihre Zukunft erschaffen haben. Eine erstaunlich große Anzahl von Menschen hat eine neutrale Vision. (Das sind diejenigen, die glauben, dass sie gar keine Vision haben.) Diese Leute erwarten nicht allzu viel vom Leben, was sich dann auch in ihren Ergebnissen zeigt – die meisten ihrer Ziele sind klein und langweilig. Ihr primäres Ziel besteht darin, die Woche zu überstehen, ohne gefeuert zu werden. Damit sie dann das ganze Wochenende lang Serien auf Netflix anschauen können, ohne an ihr Leben in stiller Verzweiflung denken zu müssen. Bis dann wieder der Wecker am Montagmorgen klingelt. Für sie ist das Leben etwas, das einfach so passiert.

Eine beunruhigend große Zahl befindet sich in der Gruppe der Menschen, die eine negative Vision haben. Sie folgen der Philosophie: „Das Leben ist schrecklich und irgendwann stirbt man". Sie gehen davon aus, dass ihnen viel Schlechtes geschehen wird. Also passiert ihnen auch genau das. Menschen mit einer negativen Vision treffen Aussagen der folgenden Art:

- Ich finde einfach keine Ruhe.
- Meine Studienkredite sind zu hoch, um jemals abbezahlt werden zu können.

- Um mithalten zu können, fehlt mir der richtige Abschluss.
- Ich bin immer einen Tag zu spät und habe immer einen Dollar zu wenig.
- Das einzige Glück, das ich habe, ist Unglück.
- Alle guten Männer (bzw. Frauen) sind bereits vergeben oder schwul (bzw. heterosexuell).

Beachte die Häufigkeit des Wortes „ich" in den obigen Aussagen. Das liegt daran, – ob du es glaubst oder nicht – dass es sich bei einer negativen Vision für das Leben um eine narzisstische Tendenz handelt. Menschen mit einer negativen Vision schwelgen in ihrer Opferrolle und lassen keine Gelegenheit aus, dich mit Geschichten über ihre letzte Kündigung, einen medizinischen Notfall oder einen schrecklichen Verkehrsunfall zu beglücken. Die Vision dieser Leute wird zu einer sich selbst erfüllenden Prophezeiung, die ihre negativen Überzeugungen auch noch verstärkt. Werden sie nicht stark genug aufgeschreckt, um ihre Überzeugungen und Denkweisen zu hinterfragen, folgen sie einer Abwärtsspirale, die zu Krankheit, Armut und Elend führt.

Aber offensichtlich willst du zur positiven Gruppe gehören. Doch leider zeichnet sich diese Gruppe heutzutage durch eine recht geringe Zahl von Mitgliedern aus. Menschen mit einer positiven Vision sehen ihr Leben mit Optimismus, Hoffnung und Vorfreude. Sie haben Ziele und Träume und arbeiten geplant daran, diese auch zu erreichen. Wenn du eine optimistische Vision hast, dann stellst du dir vor, dass gute Dinge passieren und willst dich auch darauf vorbereiten. Wahrscheinlich denkst du auf produktive Weise an deine Zukunft, z. B. indem du dich um deine Gesundheit kümmerst, ein Sparkonto hast und einen Plan für deinen Ruhestand aufzeichnest. Du erstellst deine positive Vision entweder aus törichter Naivität (so wie ich, als ich im Alter von 15 Jahren behauptete, dass ich mit 35 Jahren Millionär sein würde) oder aus erlebten Erfahrungen (wie Ronaldo, wenn er einen Elfmeter schießt und nicht mehr hinsehen muss, um zu wissen, dass der Schuss sitzt). Beide Versionen funktionieren, solange du daran glaubst.

Genauso, wie eine negative Vision zu einer sich selbst erfüllenden Prophezeiung des Untergangs wird, erschaffen Menschen, die eine positive Vision haben, eine sich selbst erfüllende Prophezeiung des Wohlstands. Machen wir uns nichts vor: Jede dieser Visionen wird die Ergebnisse beeinflussen, welche die jeweilige Person erreicht. Genauso funktioniert es immer. Ohne Ausnahme. Bitte achte genau darauf, was ich als nächstes sage, denn ich werde es nur fünf Mal tun:

Deine aktuelle Lebenssituation ist das direkte Ergebnis der Vision, die du von dir selbst hast.

Deine aktuelle Lebenssituation ist das direkte Ergebnis der Vision, die du von dir selbst hast.

Deine aktuelle Lebenssituation ist das direkte Ergebnis der Vision, die du von dir selbst hast.

Deine aktuelle Lebenssituation ist das direkte Ergebnis der Vision, die du von dir selbst hast.

Deine aktuelle Lebenssituation ist das direkte Ergebnis der Vision, die du von dir selbst hast.

Bitte verleugne nicht die Gesetze des Universums, indem du dein Leben für ein Ereignis hältst, das von irgendwelchen Zufällen abhängig ist. Oder weil du denkst, dass du zwar eine kraftvolle positive Vision hast, jedoch aufgrund irgendeiner Ausnahme dieser universellen Gesetze ständig negative Ergebnisse erleben würdest. Tragödien, Unfälle und Unglücke können jedem Menschen widerfahren. Aber sich ständig wiederholende Zyklen solcher Ereignisse treten nur bei Menschen auf, die diese Ereignisse durch ihre negativen Erwartungen miterschaffen.

Was uns zum Kern des Themas führt: Die Art und Weise, wie du deine Vision erstellen und bei Bedarf aktualisieren kannst.

Jetzt, nachdem du in diesem Buch so weit gekommen bist, solltest du eine recht solide Vorstellung von der Ursache-Wirkungs-Beziehung haben, die zwischen deinen Programmierungen, deinen täglichen Gewohnheiten und deinem Endergebnis (also deinem Leben) besteht. Hier siehst du, wie der Ablauf funktioniert:

- Deine Programmierung führt dazu, dass du grundlegende Glaubenssätze entwickelst. (In den sechs Bereichen, die wir in Kapitel 1 besprochen haben.)
- Deine grundlegenden Glaubenssätze bestimmen, welche Art von Vision du für dein Leben hast – neutral, negativ oder positiv.
- Diese Vision bestimmt deine täglichen Gewohnheiten und Handlungen.
- Deine täglichen Gewohnheiten und Handlungen erschaffen dein Schicksal – sprich, die

offensichtlichen und weniger offensichtlichen Folgen deiner Programmierung, deiner Überzeugungen und deines Handelns.

Ein erfolgreiches Leben wird nicht in der Mikrowelle, sondern im Kochtopf zubereitet. Und die Zutaten sind deine täglichen Gewohnheiten. Einige der scheinbar banalsten Routinen – deine Ernährung, dein Sportprogramm, wie viel und wie gut du schläfst, wie viel Zeit du in dich selbst investierst usw. – sind die Bausteine für deine Gesundheit, für dein Glück und für deinen Wohlstand. Deine Art und Weise, irgendeine Sache zu tun, ist ein Abbild dafür, wie du alle Dinge tust.

Tägliche Gewohnheiten sind das grundlegende Element für Glück, Gesundheit und Erfolg. (Und für wahrscheinlich alles, was erstrebenswert ist.) Wenn du es dir zur Gewohnheit machst, konsequent Sport zu treiben und gesund zu essen bzw. zu trinken, besteht das Ergebnis aus einer besseren Gesundheit. Wenn Du es dir zur Gewohnheit machst, Menschen mit Respekt, Einfühlungsvermögen und Fürsorge zu behandeln, sind bessere Beziehungen das Ergebnis. Wenn du es dir zur Gewohnheit machst, täglich in deiner Persönlichkeit zu wachsen und dich weiterzuentwickeln, besteht das Ergebnis in lebenslangem Erfolg.

Tatsächlich ist es nicht so, dass du ein wohlhabendes Leben erschaffst. Du wählst die richtigen täglichen Gewohnheiten und diese erschaffen ein wohlhabendes Leben für dich.

Das klingt ziemlich einfach. Aber wir alle wissen, dass es nicht immer einfach ist, unsere täglichen

Handlungen zu ändern. Manchmal ist es sogar extrem schwierig. Das liegt daran, dass deine Gewohnheiten einfach Symptome der dir zugrundeliegenden Programmierung sind. Und genauso, wie du grundlegende Prinzipien nutzen kannst, um ein tragfähiges Geschäftsmodell zu erschaffen, kannst du solche grundlegenden Prinzipien auch nutzen, um dein neues Ich entstehen zu lassen. In diesem Fall bedeutet das Anwenden der grundlegenden Prinzipien, dass wir zur allerersten Entstehung der Überzeugungen zurückgehen: zu der Programmierung, die deine Überzeugungen und damit deine Vision erschafft. Wir müssen den zuvor genannten Prozess rückgängig machen. Und wir müssen die anfängliche Programmierung von einer negativen in eine positive ändern. Indem du bessere Zutaten für deinen Kochtopf wählst, produzierst du ein viel schmackhafteres Gericht.

Du hast nun eine Formel, um deinen Wohlstand zu manifestieren:

- Erhöhe die Qualität deiner Programmierung, und du veränderst deine Kernüberzeugungen.
- Verändere deine Kernüberzeugungen, und du aktualisierst deine Vision.
- Aktualisiere deine Vision, und du verbesserst deine täglichen Gewohnheiten.
- Verbessere deine täglichen Gewohnheiten, und du erschaffst eine radikale Wiedergeburt.

Mit dieser Formel kannst du die ideale Vision dessen entwerfen, wie „dein neues Ich“ aussehen, sich anfühlen und sich verhalten soll. Jetzt ist nicht der Zeitpunkt, um auf Nummer sicher zu gehen, sondern der Moment, um Herausforderungen an der Randzone deiner Ängste zu suchen. Die Person, die du werden sollst, führt kein Leben innerhalb des „Wohlfühlbereichs“. Jetzt ist auch nicht der Zeitpunkt, sich normal zu verhalten. „Normal“ ist das Letzte, was du jetzt brauchst. In der heutigen Welt ist „normal“ gleichbedeutend mit einem Leben in Mittelmäßigkeit und Resignation. Du hast schon genug Zeit in diesem Zustand verbracht. Es ist jetzt an der Zeit, in ein besseres Umfeld zu wechseln.

Und um Himmels willen, versuche bitte nicht, realistisch zu sein. Wenn die Leute zu dir sagen, dass du „realistisch“ sein sollst, dann meinen sie damit in Wirklichkeit, dass du deine Träume herunterschrauben sollst. Um (siehe oben) in den beiden Mittelmaßkategorieren „sicher“ und „normal“ mitzuspielen. Jetzt ist der Zeitpunkt, um kühn, wagemutig und phantasievoll zu sein. Schließlich leben wir in der aufregendsten Zeit der Menschheitsgeschichte. Unser Zugang zu Wissen, Innovationsressourcen und Möglichkeiten zur persönlichen Entwicklung sind größer als je zuvor.

Viele, die dies hier lesen, werden in ihrem Leben noch die Gelegenheit haben, eine Unterwasser-Eigentumswohnung mit Blick auf ein Korallenriff zu kaufen, ein Nunchaku-Duell gegen Bruce Lee in einer Virtual-Reality-Holosuite zu führen oder einen Urlaub auf dem Mond zu erleben. Ein monotones Leben zu wählen, ist eine Beleidigung an die Kraft, die dich erschaffen hat. Der Wunsch nach einem Leben voller Abenteuer ist dein wahres Ich. Das Ich, das an deine Tür klopft und dein maskiertes Dasein dazu herausfordert, in Richtung deines wahren Schicksals zu schreiten. Von nun an wird es kein Suchen mehr geben, sondern nur noch ein entschlossenes Herangehen an die Erschaffung deiner selbst.

Du kannst jede Art von Person werden, die du sein willst. Wie wäre es also, wenn du dich dafür entscheidest, gesunder, interessanter, faszinierender, neugieriger, freudiger, attraktiver, harmonischer, wohlhabender, erfolgreicher, spiritueller, abenteuerlustiger, freundlicher, talentierter und glücklicher zu werden?

Kapitel 14

Zum Denker des Gedankens werden

DEINE RADIKALE WIEDERGEBURT muss zwei Mal erschaffen werden. Das erste Mal hast du sie durch die von dir formulierte Vision erstellt. Jetzt ist es an der Zeit, dein neues Ich in der physischen Welt entstehen zu lassen. Du beginnst, indem du die zuvor genannte Formel zur Wohlstandsmanifestation anwendest und indem du an der Wurzel ansetzt: der Programmierung, der du bisher erlaubst, dich zu beeinflussen.

Hoffentlich hast du inzwischen ernsthaft über die grundlegenden Überzeugungen nachgedacht, an denen du festgehalten hattest. Und hast negative, einschränkende Glaubenssätze durch positive und bekräftigende Denkweisen ersetzt. Es ist wichtig, dass du diesen Prozess mit einer Programmierung unterstützt, die deine neuen Überzeugungen auch weiterhin stärkt. Und damit du die Bühne frei machen und deine neue Programmierung stabil verankern kannst, möchtest du vielleicht die folgende Affirmation laut aussprechen:

Ich bin in meinem Bewusstsein gewachsen und habe mein altes Ich losgelassen. Meine Fehler haben mir geholfen, weiser zu werden. Ich vergebe mir und nehme meine Fülle an.

Vielleicht schreibst du das auch in dein Tagebuch. Oder auf einen Post-it-Zettel, den du auf deinen Spiegel klebst. Dies wird von nun an deine Arbeitsphilosophie sein. Für den nächsten Schritt auf deiner Reise musst du ein Schutzschild um dich herum erschaffen. Und du musst achtsam entscheiden, welchen Programmierungen du erlaubst, diesen Schutzschild zu durchdringen. Auf diese Weise verwandelst du eine neutrale oder negative in eine positive Vision.

Wenn du jeden Abend fünf bis sechs Stunden fernsiehst, ist es ziemlich unwahrscheinlich, dass du jemals an eine positive Vision für dich selbst glauben wirst. Das Gleiche gilt, wenn du deine Zeit mit dem Lesen von Nachrichten verbringst, dich unter Menschen aufhältst, die in einer Opfermentalität leben oder wenn du Orte zum Gebet besuchst, an denen man dich Woche für Woche hinunterzieht. Du brauchst Menschen und Medien, die dich dazu inspirieren, zur bestmöglichen Version deiner selbst zu werden. Und du musst dich einer positiven Programmierung in Form von aufbauenden Geschichten, positiven Verstärkungen und spiritueller Geistesnahrung aussetzen. (Vielleicht möchtest du damit anfangen, indem du meinen Wohlstandspodcast abonnierst – steht nur in Englisch zur Verfügung).

Die meisten Menschen erleben ihren Werdegang wie einen Ritt auf der Achterbahn. Oder, wenn sie furchtbar ängstlich sind, wie eine Fahrt in den rotierenden Teetassen. So oder so, für sie ist das Leben nur eine Fahrt, auf der sie sich befinden – eine Fahrt, bei der jemand anderes an den Kontrollhebeln sitzt und das Ausmaß, die Sicherheit und die Geschwindigkeit der Fahrt bestimmt.

Du magst vielleicht denken, dass dein Körper und deine Lebensumstände deine Gedanken kontrollieren. Aber tatsächlich ist es genau umgekehrt.

Erleuchtete, selbstverwirklichte Menschen erschaffen ihr Leben durch die Kraft ihrer Gedanken. Und sollte es wirklich eine Grenze der Gedankenkraft geben, hat diese bisher noch niemand entdeckt. Doch leider entfesseln nur wenige Menschen diese unbegrenzte Macht in ihrem Leben. Die meisten von uns sind, wenn wir unsere Teenagerjahre erreicht haben, dazu erzogen, sich als Opfer der Umstände zu sehen. Dinge „passieren" uns eben und wir reagieren lediglich darauf. In dem Moment, in dem du dies akzeptierst, betrittst du die Matrix. Du lebst nicht mehr dein authentisches Leben, sondern eine maskierte Version deiner selbst, die von außen kontrolliert wird. Du wirst von deiner Umgebung dominiert und bist wahrscheinlich von deiner Opferhaltung und deinen Ängsten unterjocht.

Leider bleiben viele Menschen ihr ganzes Leben lang in diesem Bewusstseinszustand stecken …

Sie folgen einfach dem blinden Impuls ihrer vorherrschenden Gedanken. Ohne kritisch zu hinterfragen, woher diese Gedanken kommen oder wie sie ihnen ausgesetzt wurden. Die meisten ihrer Handlungen und Verhaltensweisen sind einfach nur reflexartige Reaktionen auf die Reize externer Dinge: Marketingmanipulation, Klatsch, religiöse Dogmen, Fehlinformationen von Regierungen oder von Menschen, die fragwürdige Motive vertreten. Sie sind Sklaven dieser von anderen Leuten vorgegebenen Gedanken. Sie gehorchen immerzu dem Impuls des Augenblicks und sind nur darauf bedacht, Schmerzen zu vermeiden oder sofortige Befriedigung zu suchen.

Du bist nicht dazu bestimmt, in diesem Zustand zu verharren. Zum Teufel, du bist nicht einmal dazu bestimmt, dich auch nur ein einziges Mal in diesem Zustand aufzuhalten. Du wurdest geboren, um ein Katalysator zu sein, um Dinge zu verwandeln: um zu lieben, zu lernen, zu erschaffen und dich zu entwickeln. Du wurdest geboren, um wohlhabend zu sein. Aber das erfordert Selbsterkenntnis. Nimm einen Schluck von deinem grünen Tee (oder einen Schluck Aguardiente Cristal), bevor du den nächsten Absatz liest. Denn er wird das wichtigste Element für eine radikale Wiedergeburt in deinem Leben aufschlüsseln.

Du darfst nicht zulassen, dass du dich von den zufälligen Gedanken, mit denen du täglich bombardiert wirst, provozieren oder leiten lässt. Du musst achtsam genug werden, um darüber nachzudenken, worüber du nachdenkst. Letztlich musst du zum Denker des Gedankens werden.

Das ist der Zeitpunkt, an dem du beginnst, auf die in dir selbst innewohnende Kraft zuzugreifen. An dem Tag, an dem das passiert, holst du dir einen Geburtstagskuchen und bläst die Kerzen aus. Denn das ist der Tag, an dem du wirklich geboren wirst.

Du benutzt deinen Verstand, statt von deinem Verstand benutzt zu werden. Du musst in der Lage sein, einen Schritt zurückzutreten, dich über deine Gedanken zu erheben und dir dieser Gedanken bewusst zu sein. Wenn du zum Denker des Gedankens wirst, wirst du zum Architekten deines Lebens.

Du hörst auf, an Schicksal, Glück und Zufall zu glauben und beginnst, zu erkennen, dass du ein Mitgestalter deines Lebens bist.

Wenn du über deine Gedanken nachdenken kannst – im Gegensatz dazu, dass du nur von ihnen geleitet wirst – befindest du dich auf dem wichtigsten Schritt zu einem höheren Bewusstsein. Wenn dich jemand einlädt, in seine neue Firma zu investieren, und dein erster Gedanke lautet: „Wenn es wirklich ein gutes Geschäft wäre, wären schon alle Aktien aufgekauft", dann wirst du in diesem Moment erkennen, was gerade geschehen ist. Dann kannst du dich fragen: „Warum habe ich das gedacht? Ist der Zug wirklich schon abgefahren – oder reagiere ich nur aus Automatismus mit einem abwertenden Gedanken? Und wenn ich solche abwertenden Gedanken habe, warum denke ich sie? Was sind die zugrundeliegenden Programmierungen und Glaubenssätze, die diese Gedanken verursachen?"

Dies ist die mit Abstand wichtigste Stufe der Selbstwahrnehmung, das bewusste Erkennen deiner Gedanken.

Solange du dieses Bewusstsein nicht entwickelst, bist du immer der Manipulation und Kontrolle durch Kräfte ausgesetzt, die sich außerhalb deiner selbst befinden. Doch sobald du dieses Bewusstsein verinnerlicht hast, besitzt du die Fähigkeit, dich selbst zu betrachten – von innen und außen. Und du kannst das Erlebnis, das du beobachtest, so betrachten, als ob es jemand anderem widerfahren würde.

Was dir bewusst ist, kannst du lenken; was dir nicht bewusst ist, lenkt dich.

Wenn du wütend bist, dann suche nach der versteckten Angst, die diese Wut verursacht. Wenn du bemerkst, dass du dich kleinlich oder rachsüchtig verhältst, dann suche nach der Unsicherheit, die dahintersteckt. Dir wird von ganz allein auffallen, wenn du negative Verhaltensweisen an den Tag legst. Und du wirst entscheiden, dass dies nicht die Art von Person ist, die du sein möchtest. Du wirst auch deine positiven Verhaltensweisen erkennen und daraufhin beschließen, dass du zu der Art von Mensch werden willst, der sich öfter so verhält.

Was wir hier anstreben, ist, deinen Denkprozess zu verändern. Hier sind einige Aktivitäten, die dir dabei helfen werden:

- Nimm dir täglich Zeit für deine Selbstentwicklung. (Erstelle dafür einen Lernplan auf Basis von positiven Podcasts, Blogs und Büchern.)
- Investiere in Dinge, die dich weiterbringen (Bücher, Seminare, Weiterbildung usw.), und nicht in Sachen, mit denen du andere Menschen beeindrucken willst.
- Umgib dich mit Menschen, die dich herausfordern. Die dich zwingen, ständig etwas außer Atem zu sein, damit du mit ihnen mithalten kannst.
- Plane jede Woche mindestens 45 Minuten ausschließlich zum Nachdenken ein. (Blockiere dir diesen Zeitrahmen und tu es.)
- Fordere dich jede Woche heraus, mindestens eine Sache zu tun, die dir Angst macht.
- Jedes Mal, wenn du einen einschränkenden Glaubenssatz oder eine Befürchtung aufdeckst und denkst, dass du etwas nicht tun könntest, hinterfrage diesen Gedankengang. Vergewissere dich, ob diese Handlung wirklich unmöglich ist oder ob du dir nur eine schlechte Programmierung angeeignet hast.

- Entscheide dich, dein Leben ohne Bedauern, Ärger oder Eifersucht zu leben.
- Kontrolliere die Gewohnheiten oder Verhaltensweisen, die du verbessern möchtest.
- Praktiziere jeden Tag eine Form von Herz-Kreislauf-Training.
- Iss und trink, um deinen Nährstoffbedarf zu decken, nicht nur, weil es schmeckt und zum Vergnügen dient.
- Halte deine Neugierde aufrecht. Die größten Durchbrüche der Welt entstanden in erster Linie durch Menschen, die neugierig waren.
- Pflege einige Hobbys und vielfältige Interessen, die dich dazu veranlassen, neue und andere Lebensbereiche zu erkunden.
- Erschaffe neue neuronale Bahnen in deinem Gehirn, indem du regelmäßig deinen Geist anstrengst.
- Beginne und beende jeden Tag mit einer Andacht der Dankbarkeit. Erhalte dir die atemberaubende Ehrfurcht vor den täglichen Wundern, die du erlebst.

Du musst mit Bedacht auswählen, welcher Art von Programmierung du dich aussetzen willst. Und sollte es unvermeidlich sein, dass du immer wieder externen Programmierungen ausgesetzt bist, dann musst du bewusst und mit Bedacht wählen, wie du darauf reagierst. Ich habe in den vergangenen Kapiteln oft über die unterschwelligen Botschaften gesprochen, mit denen Bücher, Blogs, Fernsehsendungen, Filme, religiöse Doktrinen und Regierungsinformationen infiziert sind, also werde ich das hier nicht weiter ausführen. Du musst all diese Einflussquellen aufmerksam analysieren und dich selbst entsprechend programmieren. Das bedeutet nicht, dass du die gesamte Unterhaltungs- und Popkultur aus deinem Leben streichen sollst. (Aber du solltest wahrscheinlich das meiste davon streichen.) Du kannst dir immer noch ein paar Sünden gönnen, aber sei dir der negativen Programmierung bewusst, der du dich aussetzt und halte das Lenkrad entsprechend dagegen. Ich bin zum Beispiel ein großer Fan der Fernsehserien The Wire, Die Sopranos und Billions. Alle diese drei Serien haben eine schreckliche Grundprogrammierung. Aber da ich selbst schreibe, war ich von den Handlungssträngen und dem brillanten Schreibstil äußerst angetan. Ich habe mich entschieden, diese Serien anzusehen, aber für jede Stunde, die ich sie sah, benötigte ich zwei oder drei Stunden positiver Programme, um die Auswirkungen auf mich zu neutralisieren.

Wir alle sind immer wieder Opfer der Umstände und unserer Umwelt. Um jedoch deine wahre radikale Wiedergeburt zu erschaffen, musst du zum „Programmdirektor" deines Geistes werden. Das bedeutet, dass du viele der Reize, die auf dich einströmen, bewusst auswählen musst. Und dass du achtsam bist, wie du auf die Reize reagierst, die unfreiwillig auf dich einwirken. Statt in der Opferrolle zu leben, wirst du dann zum Mitschöpfer deines Lebens und zur höchstmöglichen Version deiner selbst.

Aber es gibt noch einen weiteren Bereich, in welchem du einen Virenscan und ein Update deines Betriebssystems durchführen musst: Es sind die Menschen, die sich in deinem Leben tummeln. Diesen Bereich werden wir als Nächstes erforschen ...

Kapitel 15

Hüte dich vor den Seelenzerstörern

EINE MEINER LIEBEN Freundinnen rief mich an und fragte mich um Rat, wie sie mit ihrer Mutter umgehen sollte, die an Krebs starb. Mein Ratschlag war einfach: Halt dich fern und lass sie sterben.

Ich schlug ihr vor, einen Hospizmitarbeiter einzustellen, der für ihrer Mutter da sein konnte. Und dass sie darüber hinaus für einige ihrer anderen Bedürfnisse sorgen, sie aber nicht besuchen solle. Das mag verletzend, negativ und herzlos klingen. Aber diese Antwort war der beste Rat, den ich meiner Freundin geben konnte, um ihre eigene geistige Gesundheit zu erhalten.

Aristoteles meinte, das Ziel des Lebens bestünde darin, das eigene Glück zu maximieren, indem man tugendhaft lebt und sein eigenes Potenzial als Mensch ausschöpft. Und sich mit Freunden, der Familie und anderen Menschen in beidseitig nützlichen Aktivitäten engagiert. Leider ist Letztgenanntes von alldem der schwierigste Teil ...

Die Menschen, mit denen du zu tun hast, spielen eine entscheidende Rolle dabei, wie du denkst, welche Überzeugungen du entwickelst und welche

Entscheidungen du letztendlich für dein Leben triffst. Dein Wohlbefinden, die Qualität deiner Beziehungen, deine Ehe und sogar dein Lebensglück werden von den Menschen bestimmt, denen du erlaubst, die meiste Zeit mit dir zu verbringen. Erinnerst du dich, was Jim Rohn über die fünf Menschen sagte, mit denen du dich am häufigsten umgibst? Teilst du dir acht Stunden täglich einen Arbeitsplatz mit einem negativen Dummschwätzer? Dann ist bereits einer deiner fünf Plätze vergeben. Befindest du dich in einer toxischen Ehe oder Beziehung? Dann sind es bereits zwei deiner fünf Plätze. Jetzt bist du in einer schwierigen Lage und hast nur noch zwei Möglichkeiten.

Die erste Möglichkeit besteht darin, drei Freunde zu finden, die so engelsgleich, heilig und positiv sind, dass sie all die Negativität neutralisieren können, der du in deinen beiden anderen Kernbeziehungen ausgesetzt bist. Die zweite Möglichkeit besteht darin, die beiden toxischen Freunde ganz oder teilweise zu entfernen. Was uns zurück zu meiner Freundin und ihrer sterbenden Mutter bringt ...

Die betreffende Freundin war das Opfer eines Inzests durch ihren Stiefvater geworden. Als sie wiederholt zu ihrer Mutter ging, um darüber zu sprechen, leugnete die Mutter, dass es überhaupt geschehen war. Dann, nachdem die Beweise nicht länger abzustreiten waren, behauptete sie, dass ihre Tochter es sich selbst zuzuschreiben hätte. Dann manipulierte diese Mutter ihre Tochter für weitere 40 Jahre und setzte sie psychisch unter Druck. Ich könnte buchstäblich noch ganze Kapitel über den weiteren Missbrauch schreiben, den diese sterbende Frau ihrer Familie angetan hat, aber ich möchte das alles nicht wieder aufgreifen.

Der Punkt ist, dass diese Frau so giftig und schädlich für die Menschen um sie herum war, dass einige von ihnen (wie meine Freundin) sie komplett aus ihrem Leben verbannen mussten.

An dieser Stelle geht es nicht um Vergebung. Wie du im nächsten Kapitel sehen wirst, erfordert eine wichtige Komponente deines Wohlstandsdenkens, dass du den Menschen vergibst, die dir geschadet haben. Ich habe meiner Freundin geholfen, alles zu verarbeiten, und sie hat ihrer Mutter bereits vergeben. Aber ich glaubte, dass die Nähe zu ihrer Mutter für die geistige Gesundheit meiner Freundin einfach zu schädlich war.

Der Weg zur Erleuchtung ist ein kontinuierlicher Fortschritt im „Aufwerten" der Menschen, die du in deinem Leben um dich hast. Auch hierbei handelt es sich um ein notwendiges Element im Erschaffen deiner radikalen Wiedergeburt. Das gelingt dir, indem du deine Gedankenwelt umsichtig schützt und deine Kontakte zu negativen und/oder toxischen Menschen so weit wie nur möglich einschränkst.

Es ist wichtig, den Unterschied zwischen negativ und toxisch zu verstehen. Manche Menschen sind einfach nur negativ. Sie sind mit einschränkenden Glaubenssätzen infiziert, sodass ihre Standardeinstellung zu den meisten Dingen aus Skepsis oder Zweifel besteht. Das sind die Leute, die zu dir sagen, du sollst „realistisch sein" oder „dir keine Hoffnungen machen". Du musst erkennen, woher die Position solcher Menschen kommt. Sie mögen dich lieben und das Beste für dich wollen, aber trotzdem beeinflussen sich dich unterschwellig auf negative Weise. Wenn du dir dessen bewusst bist, ist es nicht so schwer, dieser Negativität entgegenzuwirken. Am besten ist es jedoch, wenn du die Zeit reduzierst, die du mit ihnen verbringst. Oft geschieht das von ganz allein, wenn man sich voneinander entfernt und sich die jeweiligen Interessen ändern. In anderen Fällen musst du es vorsätzlich und mit Bedacht tun. Dabei geht es nicht darum, arrogant zu sein oder zu denken, dass du besser bist als andere Menschen. (Auch, wenn das in vielen Fällen so sein mag.) Du musst erkennen, dass unterschiedliche Menschen auf unterschiedlichen Wegen unterwegs sind.

Dein bester Kumpel, der zu Schulzeiten der Schlagzeuger in deiner Rockband war, geht vielleicht nicht mehr denselben Interessen nach, wenn ihr beide 35 Jahre alt seid. Die Saufkumpane aus deinen Zwanzigern üben vielleicht keinen bestärkenden Einfluss mehr auf dich aus, wenn du in deinen Vierzigern bist. Unterschiedliche Menschen wachsen in unterschiedliche Stufen ihres Bewusstseins und erreichen diese Stufen in unterschiedlichem Tempo.

Wenn du dich für einen Weg des persönlichen Wachstums und der Weiterentwicklung entscheidest, besteht einer der enttäuschendsten Umstände darin, dass nicht jeder Mensch in deinem Leben auch deinen Weg wählen wird. Du wirst feststellen, dass einige der Menschen in deinem Umfeld nicht mit dir mithalten werden.

- Du möchtest eine wissenschaftliche Dokumentation anschauen, sie wollen den Bachelor sehen.
- Die willst Schach spielen, sie wollen in die Kneipe gehen.

- Du wünschst dir ein Leben in Harmonie, sie suchen Streit und Drama.
- Du möchtest dich gerne gesund ernähren, sie nehmen gerne Drogen und trinken Alkohol.
- Du legst Geld für den Ruhestand beiseite, sie wollen lieber Lotto spielen.
- Du treibst gerne Sport und sie schauen gerne Reality-Shows in Dauerschleife an.

Wenn du diesen Umstand erkennst, wird dir klar, dass du deinen Kontakt zu bestimmten Personen reduzieren musst. Vielleicht trefft ihr euch nicht mehr jede Woche zum Essen, sondern nur noch vierzehntägig oder einmal im Monat. Vielleicht beschließt du einfach, deine Zugehörigkeit zu verschiedenen Gruppen, gesellschaftlichen Ereignissen oder Umgebungen zu reduzieren.

Gleichzeitig arbeitest du bewusst darauf hin, Menschen zu finden und in dein Leben zu ziehen, die auf einer höheren Bewusstseinsstufe operieren. Wenn du es mit deiner Selbstentwicklung und deinem persönlichen Wachstum ernst meinst, dann machst du dies zu einer bewussten Sache, der du deine Achtsamkeit widmest. Du legst keine Kriterien für ein bestimmtes finanzielles Niveau fest, aber du hältst nach Menschen Ausschau, die in ihrem Leben für Wohlstand, Harmonie und Fülle sorgen. Du versuchst, diese Menschen in dein Leben zu holen, und überlegst, wie du ihr Leben bereichern kannst.

Und dann gibt es auch noch Menschen in deinem Umfeld, die unbestreitbar toxisch sind. Dabei kann es sich um Menschen handeln, die ernsthafte psychische Probleme haben. Oder die ernsthaft davon überzeugt sind, benachteiligt zu sein, sodass sie glauben, „schmutzige Kämpfe" austragen zu müssen. Oder sie sind einfach böse und wollen dein Glück und deinen Erfolg missbrauchen, kontrollieren oder sabotieren. Eine der erschreckendsten Erkenntnisse, zu der du kommen kannst, ist, dass du jemanden in deinem Leben hast, der so giftig und/oder missbräuchlich ist, dass du diese Person vollständig aus deiner Welt entfernen musst. Denn deine geistige Gesundheit, dein Glück oder sogar dein Leben können davon abhängen. Missbrauchstäter, die nicht in ihre Schranken gewiesen wurden, werden in vielen Fällen immer gefährlicher und gewalttätiger. Gleichzeitig sind sie Experten darin, ihre Opfer zu manipulieren und sie glauben zu lassen, dass der Missbrauch deren eigene Schuld sei.

Vielleicht lehrt dich deine Religion, dass du in einer bedrohlichen Beziehung ausharren musst, egal was mit dir geschieht. Das ist einfach nur sektiererischer, gehirngewaschener Schwachsinn. Vielleicht glaubst du, dass du alles akzeptieren musst, was dir die andere Person vorwirft, weil sie dein Blutsverwandter oder dein Ehepartner ist. Das ist noch verrückter. (Denn diese Menschen werden versuchen, deine Schuldgefühle gegen dich zu verwenden, um dich weiterhin unterdrücken zu können.) Niemand hat das Recht, dich seelisch, körperlich oder sexuell zu missbrauchen. Niemand. Wenn du dich körperlich bedroht fühlst, musst du die Hilfe von Behörden und psychiatrischen Fachkräften anfordern. Ja, es gibt wirklich Situationen, in denen es angemessen, ja sogar notwendig ist, dass du jemanden (selbst ein Familienmitglied) für immer aus deinem Leben entfernst.

Du bist mit dem Geburtsrecht zur Welt gekommen, ein Leben in Wohlstand zu führen. Lass nicht zu, dass dir jemand dieses Recht stiehlt.

Hoffentlich bist du nicht mit körperlichen Schädigungen oder Missbrauch konfrontiert. Es kann jedoch auch Menschen in deinem Leben geben, die zwar keine physische Bedrohung darstellen, die aber extrem gefährlich für deine geistige Gesundheit für deine Harmonie und deinen Wohlstand sind. Es sind die Seelenzerstörer.

Seelenzerstörer haben ihre eigenen Träume begraben und sterben lassen. In ihnen herrscht nichts anderes mehr als Eifersucht, Bitterkeit und Zynismus. Diese Menschen werden einfach keine Ruhe geben, bis sie nicht auch deine Seele ruiniert haben. Einige dieser Seelenzerstörer tun dies, weil sie deine „Freunde“ sind und denken, sie würden dich vor dir selbst retten. Solche Freunde brauchst du so dringend wie ein Loch im Kopf. Einige dieser Leute versuchen, deine Seele zu zerstören, weil sie nicht deine Freunde sind. Sie werden deine Bestrebungen ins Lächerliche ziehen und sogar versuchen, deine Ergebnisse zu sabotieren. Denn wenn du erfolgreich, glücklich und wohlhabend wirst, dann beraubst du sie aller Ausreden, warum sie selbst nicht das Gleiche getan haben wie du. In jedem Fall musst du dich so schnell wie möglich von diesen Menschen lösen.

Du kannst versuchen, dich allmählich und unbemerkt aus dem Staub zu machen. Manchmal musst du dieser Person vielleicht auch sagen: „Ich liebe dich und will das Beste für dich, aber ich kann es mir nicht länger erlauben, in deiner Nähe zu sein. Deine negative, zynische Sicht auf die Welt färbt auf alles ab, was du tust, und ich möchte nicht von dieser Denkweise infiziert werden." Du brauchst nicht noch mehr Einfluss von Leuten, die dich niedermachen wollen, die dir sagen, warum das, was du tust, eine schlechte Idee ist, oder warum es niemals funktionieren wird. Ziehe von dannen und ersetze diese Leute durch Menschen, die mehr positives Gedankengut in dein Leben bringen.

Anhand dieser Überlegungen führst du nun eine Bestandsaufnahme der Menschen durch, mit denen du – online und offline – viel Zeit verbringst. Wie würdest du deren grundlegende Einstellung zu Geld, Erfolg, Gesundheit und Glück bewerten? Gibt es Menschen, zu denen du die Verbindung lösen musst, um dein neues Ich zu erschaffen?

Die meisten Leute wollen von Menschen umgeben sein, die ihnen gestatten, so zu bleiben, wie sie sind. Das war dein altes Ich. Für dein neues Ich strebst du danach, von Menschen umgeben zu sein, die dich herausfordern, um zu einer höheren und besseren Version deiner selbst zu werden.

Und jetzt, nachdem ich das alles gesagt habe, hüte dich vor dem Überbringer dieser Nachrichten ...

Einen frühen Entwurf dieses Buches hatte ich meinem Freund Alan Weiss geschickt. Er merkte an, dass sich meine Sichtweise auf organisierte Religionen auf die Aussage konzentriert, dass wir Sünder sind und der Erlösung bedürfen. Dann fuhr er fort: „Aber genau das ist doch der Punkt in deinem Buch. Du sagst uns, dass wir beschädigt und manipuliert seien – oftmals, ohne es selbst zu wissen – und dass wir der Erlösung durch dich bedürfen. Diese Parallele ist zu offensichtlich, als dass man sie übersehen könnte."

Schuldig im Sinne der Anklage.

Ich bin bescheiden genug, um zu glauben, dass jeder Mensch etwas bewirken kann. Und ausreichend arrogant, um mich zu Wort zu melden, wenn ich denke, dass ich diese Person sein kann. Die biblische Definition von Erlösung wird in der Regel als das Gerettetwerden von Sünde, Irrtum oder Bösem dargestellt. Ich glaube zwar nicht, dass ich ein übermenschliches Wesen bin, welches dich vor Sünde schützen kann. Aber ich glaube, dass ich schlau genug bin, um dir Erlösung davor zu bieten, die dummen Fehler, die ich bereits gemacht habe, nicht zu wiederholen. Und doch empfehle ich dir, dass du bei allem, was ich dir vorschlage, deine Unterscheidungskraft und dein kritisches Denken anwendest.

Ich schreibe keine Bücher, um landläufiges Allgemeinwissen zusammenfassen. Ich schreibe nur dann eines, wenn ich einen aussagekräftigen Standpunkt zu einem Thema vertrete. Und dieses Thema – dein altes Ich zu Grabe zu tragen und eine radikale Wiedergeburt zu erschaffen – ist eines dieser Themen. Ich mag die diplomatischen Fähigkeiten einer Aubergine haben, aber alles, was ich hier für dich aufschreibe, ist meine unverfälschte Wahrheit, wie sie mir bewusst ist. Das bedeutet nicht, dass ich recht habe. Mein Ziel besteht nicht darin, dir zu sagen, wie du über etwas denken sollst. Mein Ziel ist es, dich dazu zu bringen, über ein Thema nachzudenken und die Aussagen darüber zu hinterfragen. Und dann zu bewerten, was ich dir vorschlage, um anschließend zu deiner eigenen Schlussfolgerung zu kommen.

Kapitel 16

Die Kraft des Verzeihens

ICH HATTE ES DIR bereits erzählt: Mein Umzug nach Miami brachte neben der lauen Meeresbrise und den sich wiegenden Palmen auch das wundervolle Geschenk mit sich, einem aufgedrehten Crack-Süchtigen mit einer Pistole gegenüber zu stehen. Diese Begegnung endete ziemlich genau so, wie man sich das vorstellt, nämlich damit, dass ich eine Kugel in den Bauch bekam.

Die klugen Leser haben wahrscheinlich schon herausgefunden, dass ich überlebt habe. Aber das Ergebnis stand eine Zeitlang auf Messers Schneide und erforderte einen heldenhaften Einsatz der Ersthelfer und des Klinikpersonals. Der körperliche Heilungsprozess war nicht einfach. Doch im Vergleich zu meiner mentalen Heilung schien er es zu sein. Glücklicherweise war ich zu diesem Zeitpunkt in meinem Leben bereits mit einigen spirituellen Lehren in Berührung gekommen, die mir eine große Unterstützung waren. Dazu gehörte die Arbeit der wundervollen Kirchenleiter Charles und Myrtle Fillmore sowie Catherine Ponder.

Ein durchgehendes Thema, um das es bei dieser Arbeit ging, war Vergebung. Also machte ich es mir zur Aufgabe, meinem Angreifer zu verzeihen. Und ob du es glaubst oder nicht, ich war schnell und bereitwillig in der Lage, dem Mann, der mich niedergeschossen hatte, zu vergeben. Ich weiß selbst, wie es ist, einer Sucht machtlos gegenüber zu stehen. Wenn ich also auch wütend darauf war, was mein Angreifer getan hatte, konnte ich mich trotzdem in seinen Mangel an Selbstkontrolle und in seine wahrscheinliche Verzweiflung einfühlen.

Der Kerl, dem ich jedoch nur schwer verzeihen konnte, war der Arzt, der mir das Leben gerettet hatte …

Als ich im Aufwachraum zu mir kam, sagte er, dass sie zwar Schwierigkeiten hatten, die Kugel in meinem Körper zu lokalisieren, sie aber entfernt hatten. Dann erwähnte er beiläufig, dass sie, da sie meinen Bauch ohnehin geöffnet hatten, auch gleich meinen Blinddarm herausgenommen hätten. Das ergab für mich keinen Sinn, denn ich war auf der anderen Seite meines Bauches angeschossen worden. Er sagte mir, dass das eine Standardprozedur sei und dass sie immer, wenn sie jemanden aufschneiden müssen, als Vorsichtsmaßnahme auch den Blinddarm entfernen. „Auf diese Weise haben Sie später keine Probleme“, meinte er. „Sie brauchen ihn sowieso nicht.“

Ich konnte nicht glauben, wie jemand die Arroganz und Dreistigkeit an den Tag legen konnte, mir ein Organ aus dem Körper zu schneiden, ohne mich zu fragen, und verließ das Krankenhaus in großem Groll. Zu allem Überfluss verlief auch die Operation nicht besonders gut. Die Nähte lösten sich und als ich eines Tages nach unten blickte, sah ich auf meinem Hemd überall Blut. Ein weiterer Besuch im Krankenhaus war erforderlich und eine Woche später infizierte sich die Wunde, was einen zusätzlichen Aufenthalt erforderte. Die Schmerzen waren unerträglich. Egal, ob ich lag, saß oder stand, ich konnte keine Position finden, in der die Qualen gelindert wurden.

Monate verstrichen und es ging mir nicht besser, sondern immer schlechter. Ich wachte vier- oder fünfmal pro Nacht schweißgebadet auf. Ich hatte keinerlei Energie und mein Körper schien ständig eine Infektion abzuwehren. Das bedeutete weitere Reisen zu anderen Ärzten und zahlreiche zusätzliche Tests. Eines Tages hatte ich auf dem Weg dorthin eine Eingebung. Ich bat meinen Hausarzt, eine Röntgenaufnahme meines Unterleibes zu machen, weil ich befürchtete, dass das Krankenhaus die Kugel in mir gelassen hatte.

„Sparen Sie Ihr Geld", gluckste er. „Die Typen im Jackson Memorial Hospital mögen verrückt sein, aber so verrückt sind sie nicht."

Der nächste Schritt war ein Besuch bei einem Gastroenterologen, um eine Reihe von Tests des oberen und unteren Verdauungstraktes durchführen zu lassen. Als ich mich auszog, bemerkte die Krankenschwester meine Narbe und erkundigte sich nach der Ursache. Ich erzählte ihr von der Operation der Schusswunde und sie fuhr mit den Tests fort. Etwa 20 Minuten später kam sie zurück, hielt mein Röntgenbild hoch und sagte beiläufig: „Wie ich sehe, hat man die Kugel in Ihrem Körper gelassen. Liegt das daran, weil sie sich so nah an der Wirbelsäule befindet?"

Stell dir meinen Schock und dann meine Wut vor. Ich war monatelang krank gewesen. Ich hatte keine Versicherung und hatte ein kleines Vermögen für Ärzte, Tests und Spezialisten ausgegeben. Und dieser Arzt hatte mir tatsächlich versichert, sie hätten die

Kugel herausgenommen. Wie (und warum) konnte er mich so anlügen?

Ich war ziemlich verwirrt und nicht sicher, an wen ich mich wenden sollte. Die Anwälte, die sich um meinen Fall bewarben, standen buchstäblich Schlange. Sie alle sagten mir, dass ich mich auf eine außergerichtliche Einigung von einer Millionen Dollar verlassen könne. Doch das war, nachdem ich Reverend Ponders dynamische Gesetze des Reichtums entdeckt hatte. Somit schloss ich, wie ich es immer tat, wenn ich Führung brauchte, meine Augen. Dann blätterte ich durch die Seiten und steckte meinen Finger an irgendeine Stelle des Buches, um eine Passage zum Lesen auszuwählen.

Es ging um Vergebung.

Ponder sprach über verschiedene Situationen, wie beispielsweise über einen Rechtsstreit, den man mit jemandem führt. Und darüber, dass du, wenn du jemanden verklagst, an deinem Groll oder an Rachegefühlen festhältst. Und deshalb nicht für den Wohlstand offen bist, der dir zuteilwerden kann. In diesem Moment sah ich, wie meine Millionen Dollar den Abfluss hinuntergespült wurden ...

Doch intuitiv wusste ich, dass Ponder die Wahrheit sagte. Ich verbrachte etwa 30 Minuten damit, über meine Situation zu meditieren. Ich erkannte, dass die Ärzte und das medizinische Team zwar meinen Blinddarm herausgenommen und – aus welchem Grund auch immer – die Kugel in meinem Körper gelassen hatten. Aber sie hatten auch mein Leben gerettet. Ich war im Krankenhaus angekommen, als ich kurz vor der Schwelle zum Tod stand. Die Rettungssanitäter hatten mir im Krankenwagen sogar einen Druckanzug anlegen müssen, weil mein Herz versagt hatte. Die einfache Tatsache, dass ich überhaupt in Erwägung ziehen konnte, das Krankenhaus zu verklagen, lag daran, dass das gesamte Team dafür gearbeitet hatte, mich am Leben zu halten. Diese Menschen hatten, mit dem, was sie zur Verfügung hatten und dem Bewusstsein, das sie besaßen, das Beste für mich getan, was sie tun konnten.

Ich vergab allen Beteiligten, ließ meinen Groll los und bekräftigte meine tiefe Dankbarkeit für ihre Leistungen. Und dann geschah etwas Erstaunliches …

In dieser Nacht konnte ich zum ersten Mal, seit ich mich erinnern kann, eine ganze Nacht durchschlafen, ohne zwischendurch aufzuwachen. Kurz darauf hatte ich eine weitere Operation, um die Kugel entfernen zu lassen. Aber meine Gesundheit begann sich ab dem Tag, an dem ich vergeben konnte, dramatisch zu verbessern. Einfach nur aufgrund der Verbindung zwischen meinen Gedanken und der Situation.

Wenn du an Rache festhältst, kann keine Liebe in dein Leben treten. Wenn du an Groll festhältst, dann hältst du auch an deiner Opferrolle fest. Und wenn du an der Opferrolle festhältst, dann gibt es in deinem Geist keinen Platz, um eine Siegerpersönlichkeit zu sein. Du musst deine negativen Gefühle loslassen, denn sie fressen dich innerlich nur auf und behindern all das Gute, das dir widerfahren könnte.

Und nach allem, was du durchgemacht hast, bist du wahrscheinlich ziemlich sauer. Was ich dir nicht verdenken kann …

Viele religiöse Organisationen sind auf den Umstand angewiesen, dass du dich unterwürfig fühlst, damit sie dich kontrollieren können. Für eine Regierung ist es erforderlich, dass sie von dir gebraucht wird, damit sie an der Macht bleiben kann. Millionen von Unternehmen wollen dich manipulieren, damit du deren Produkte oder Dienstleistungen kaufst, von denen die meisten wahrscheinlich nicht zu deinem höchsten Wohl sind. Es gibt Menschen, die nachtragend und auf dich neidisch sind und die daran arbeiten, dich zu sabotieren. Es gibt auch Menschen, die dich lieben und eigentlich das Beste für dich wollen – die aber nicht merken, dass sie dich mit ihren eigenen einschränkenden Glaubenssätzen anstecken, auf die sie programmiert sind. Es ist tragisch, aber wahr. Wir haben eine Gesellschaft geschaffen, die dich niedermacht, dich mit Angst infiziert und dich darauf programmiert, eine Arbeitsdrohne im Kollektiv zu sein.

Es ist nachvollziehbar, dass du wütend auf all die Kräfte und Menschen bist, die damit beschäftigt waren, dich unten zu halten. Es ist verständlich, dass du dich vielleicht rächen willst. Aber die allerbeste Rache, die du jemals vollziehen kannst, besteht darin, dass du dich weiterentwickelst, um deine radikale Wiedergeburt zu erschaffen. Das wiederum bedeutet, jedem Menschen und allen Kräften zu vergeben, die jemals versucht haben, dein altes Ich am Leben zu halten.

Du hast keine Zeit für Rache oder Vergeltung, denn beides führt dich am Ende immer nur in die Opferrolle.

Davon abgesehen, warst in den meisten Fällen du selbst die Person, die die letztendliche Entscheidung getroffen oder akzeptiert hat. Der einzige Weg, die Opferrolle loszulassen und zum Sieger zu werden, besteht darin, dass du aufhörst, anderen die Schuld zuzuweisen. Und darin, die Verantwortung für das Leben zu übernehmen, das du führst. Vielleicht hattest du nicht den Mumm, deine wahre Sexualität zu akzeptieren, oder für deinen Wunsch einzustehen, Künstlerin statt Anwältin zu werden, oder das notwendige kritische Denken an den Tag zu legen, um deinen wahren Weg zu entdecken. Vielleicht hast du zugelassen, dass ängstliche Menschen in deinem Umfeld deine Träume lächerlich gemacht haben, weshalb du infolgedessen diese Träume, und damit dein wahres Potenzial, aufgegeben hast. Vielleicht hast du unbewusst zugelassen, dass du auf ein geringes Selbstwertgefühl programmiert wurdest, sodass du unterschwellig Angst vor Erfolg und Glück hattest.

Willkommen unter den Menschen. Jeder von uns hat schon solche Entscheidungen getroffen. Wir alle haben schon – wissentlich oder unwissentlich – zu Situationen beigetragen, von denen wir wissen, dass wir sie nicht wollen. Das ist der Umstand, in den dich Geistesviren führen. Das ist es, was all die anderen Menschen dazu bringt, die Dinge zu tun, die sie dir angetan haben. Wir alle sind Gefangene in der Matrix. Aber der Unterschied ist, dass du dir dieser Tatsache bewusst geworden bist und eine Entscheidung getroffen hast, ihr zu entkommen.

Vergib deinen Eltern und allen anderen, die dich dazu beeinflusst haben, einen Weg einzuschlagen, der sich für dich als der falsche herausgestellt hat. Denn diese Menschen haben das Beste aus dem gemacht, was ihnen zur Verfügung stand. Vergib denen, die an dir gezweifelt, dich lächerlich gemacht und versucht haben, dich unten zu halten. Vergib den

Politikern, religiösen Führern, Internet-Unternehmen, Vermarktern, Social-Media-Trollen und vergib sogar Milli Vanilli.

Vergib ihnen allen. Denn das Loslassen deiner Vergangenheit, deines Schmerzes und deiner Rolle als Opfer ist der einzige Weg, wie du deine radikale Wiedergeburt erschaffen und in deine Größe eintreten kannst.

Du bist nur deshalb in der Lage, dieses Buch zu lesen, weil ich, als ich als 15-Jähriger wegen bewaffneten Raubüberfalls vor Gericht stand, einen Pflichtverteidiger und einen Richter hatte, die beide glaubten, dass ich der Wiedergutmachung würdig sei. Ich möchte gerne glauben, dass ich mich dieser Einschätzung als würdig erwiesen habe. Eine der größten Gaben der Menschheit ist unsere Fähigkeit, anderen zu vergeben und ihnen die Möglichkeit zur Erlösung zu geben.

Und es gibt noch eine Person, der du verzeihen musst. Was glaubst du, wer das ist?

Ganz genau.

Wenn ich die Teilnehmer in meinen Seminaren frage, wer die eine Person ist, der sie am schwersten vergeben können, sagen 99 Prozent, dass es sich um sie selbst handelt. (Und ich bin mir ziemlich sicher, dass es dem restlichen einen Prozent einfach zu peinlich ist, es zuzugeben.) Auf mich traf das auf jeden Fall zu.

Hier ist das Wichtigste, was du verstehen musst …

Du bist dir allen schlimmen Dingen, die du jemals getan hast, bewusst. Du erinnerst dich an die Zeit, als du zwei Dollar aus der Handtasche deiner Mutter gestohlen hast und dass du gelogen hast, wer die Vase zerbrochen hat. Und du warst heimlich in den Freund oder in die Freundin deiner besten Freundin oder deines besten Freundes verknallt. Und du kannst sofort jeden boshaften, lüsternen und eifersüchtigen Gedanken abrufen, den du jemals hattest.

Es ist so verdammt einfach, sich selbst für die Entscheidungen zu bestrafen, die man getroffen hat. (Ich weiß das, weil ich es selbst jahrzehntelang getan habe.) Aber du musst erkennen, dass diese Selbstgeißelung und dieser Selbsthass das Ergebnis einer jahrelangen negativen Programmierung ist, über die wir zuvor gesprochen haben. Die Kräfte, die gegen dich eingesetzt wurden – durch Regierungen, organisierten Religionen, dem Bildungssystem und der Datasphäre – sind irrsinnig. Es ist sicherlich keine Überraschung, dass du dich selbst niedermachst und fürchtest, keine Vergebung verdient zu haben. Wie Dan Millman in seinem exzellenten Buch Erleuchteter Alltag darlegt hast du schon sehr früh zwei Hauptrichtlinien des Menschseins gelernt:

1. Wenn du gut bist, wirst du belohnt.
2. Wenn du schlecht bist, wirst du bestraft.

Diese Richtlinien wurden von deinen Eltern, Lehrern, Babysittern und Trainern in dein Unterbewusstsein gepflanzt – und werden seitdem von der Datasphäre ständig verstärkt. Beide Richtlinien sind unauslöschlich auf deiner Festplatte eingebrannt. Was die ganze Sache noch schlimmer macht, ist, dass deine Sichtweise und Wahrnehmung völlig verkorkst sind. Du glaubst ernsthaft, dass du einer der wenigen Menschen auf der Welt bist, die schlechte

Dinge getan oder bösartige Gedanken gehabt haben. In deiner Vorstellung gibt es Diktatoren, Pädophile, Serienmörder und dich – und alle anderen sind Philanthropen, Nobelpreisträger oder Heilige. Und nun lass mich dir etwas verraten, was der größte Durchbruch sein könnte, den du in diesem Jahrzehnt erlebst ...

Ein je besserer Mensch – je fürsorglicher, sensibler und selbstbewusster du bist – desto härter urteilst du über dich selbst. Und desto schwieriger ist es auch, dir selbst zu verzeihen.

Die Ironie der Sache ist, dass diejenigen von uns mit den höchsten Moralvorstellungen, Standards und Werten oft das geringste Selbstwertgefühl haben und sich selbst am schwersten verzeihen können. Denn wir scheitern täglich daran, unsere eigenen Standards zu erfüllen. Du glaubst, dass die Menschen, die du bewunderst, fehlerfrei sind, weil sie ein nettes Interview in einer Talkshow geben oder einen humanitären Preis erhalten. Du glaubst, dass alle deine Freunde und deine Familie edle Menschen sind, weil du sie anhand ihrer tugendhaften Posts auf Instagram beurteilst. EILMELDUNG: Dieser Quatsch ist nicht echt. Du denkst, sie wären Heilige und du ein bedauernswerter Sünder. Aber jeder sagt und tut Dinge, von denen er sich wünscht, sie nie getan zu haben.

Der Papst lässt nasse Handtücher auf dem Boden liegen. Wenn Meghan Sex mit Prinz Harry hat, denkt sie dabei manchmal an Harry Styles. Gandhi hat hin und wieder die Tür zugeknallt. Beim letzten Abendmahl hatte Jesus seine Ellbogen auf dem Tisch. Buddha hat den Milchreis von Sujata gestohlen. Mutter Teresa fand, dass Johnny Depp einen hübschen Hintern hat. Und die lesbische Moderatorin Ellen DeGeneres hat mal die Freundin von Brad Pitt angebaggert. (Letzteres ist tatsächlich wahr.)

Ja, du hast schreckliche Dinge getan. Das haben wir alle.

Gönn dir eine Pause. Vergib dir. Auch du hast einfach das Beste aus dem gemacht, was du zur Verfügung hattest. Und alles auf deiner Reise – auch die schlechten Dinge, vor allem die schlechten Dinge – können dich letztendlich zu einem besseren Menschen machen.

Fehler machen dich weiser …

Hindernisse bilden deinen Charakter …

Widerstände haben dich stärker gemacht …

Du befindest dich gerade in diesem Trainingsprogramm, das wir Leben nennen. Du bist ein Mensch, und Menschen machen Fehler. Menschen tun manchmal Dinge, die nicht nett, sondern dumm und rücksichtslos sind. Und manchmal tun wir sogar schreckliche Dinge, die zu schrecklichen Konsequenzen für andere Menschen führen.

Als Süchtiger und Alkoholiker habe ich ständig alle um mich herum belogen und betrogen. Ich machte Fehler, die Firmen zerstörten, was wiederum grausame und harte Situationen für die Angestellten und Verkäufer mit sich brachte. Ich war so unsicher, dass ich in den ersten 35 Jahren meines Lebens, in einem verzweifelten Versuch, mich attraktiv zu fühlen, in jeder Beziehung fremdging. Ich erkannte, dass ich mir selbst vergeben und weitergehen musste, egal wie schlecht ich mich fand. Oder, dass ich sonst weiterhin ein Leben voller Elend, Begrenzung und Mangel manifestieren würde. Jedes Mal, wenn du dabei scheiterst, dein bestes selbst zu sein, denke daran, dass du immer noch ein Lernender bist: Du lernst, zu leben, zu lieben und dich zur höchstmöglichen Version deiner selbst zu entwickeln. Fehler sind Teil des Prozesses.

Etwas, das ich mindestens zu jedem neuen Jahr mache, ist eine „Brennende Schale"-Zeremonie. Dabei handelt es sich um ein Ritual, bei dem du die Dinge loslässt, die dir nicht mehr dienen. Und die du durch neue Dinge ersetzt, die du stattdessen in deinem Leben haben willst. Es ist eine großartige Möglichkeit, deine radikale Wiedergeburt zu beginnen. Das funktioniert so …

Nimm ein Blatt Papier und ziehe eine Linie, um es in zwei Hälften aufzuteilen. Auf die eine Hälfte des Blattes schreibst du die Dinge, die du in deinem Leben loslassen willst. Und auf die andere Hälfte schreibst du die Dinge, mit denen du sie ersetzen wirst. Du kannst zum Beispiel Rachegefühle loslassen und sie durch Vergebung ersetzen. Oder du lässt übermäßiges Essen los und ersetzt es durch Sport. Oder du lässt Wut los und ersetzt sie durch Liebe. Hier ist mein Tipp für Profis: Die Veränderung, der du dich am stärksten widersetzt, stellt gewöhnlich den Durchbruch dar, den du am dringendsten brauchst.

Sobald du deine Liste erstellt hast, trennst du die Seite in zwei Hälften. Behalte die Hälfte, auf der du deine positiven Ersatzentscheidungen aufgelistet hast. Vielleicht möchtest du diese Liste auf deinen Computer kleben, sie an deine Traumtafel hängen oder in deinem Tagebuch aufbewahren. Sie stellt eine kraftvolle, positive Programmierung für dein Unterbewusstsein dar. Dann nimmst du die andere Hälfte des Blattes, auf dem du notiert hast, was du loslassen willst und verbrennst sie in einer Schale. Dies erlaubt dir, die einschränkenden Glaubenssätze, schlechten Entscheidungen und falschen Wendungen deiner Vergangenheit loszulassen – indem du sie im übertragenen und wörtlichen Sinne verbrennst, sodass du sie in dem Nichts verblassen lassen kannst, aus dem sie gekommen sind.

Weißt du, warum Menschen wie Gandhi, Martin Luther King Jr. und Mutter Teresa ein solches Leben vorlebten? Obwohl sie die gleichen menschlichen Schwächen hatten wie wir alle? Weil sie ihr Menschsein akzeptierten. Und weil sie erkannten, dass es Gutes als auch Schlechtes beinhaltet.

Und sie haben sich selbst verziehen.

Statt sich endlos für ihre Fehler zu bestrafen, änderten sie die Gleichung: Statt sich mit ihren Fehlern aufzuhalten, feierten sie ihre Gaben und entschieden sich für den Dienst an anderen. Sie durchbrachen den Kreislauf der Selbstsabotage und akzeptierten sich als würdig. Sie erkannten, dass sie ihre Vergangenheit nicht ändern konnten, also änderten sie ihre Zukunft.

Und das ist, was auch du tun musst …

Wenn jemand zu mir kommt, dessen Wohlstand blockiert zu sein scheint, ist Vergebung der erste Punkt, an dem wir die Suche beginnen. Erlaube mir, dir die folgenden vier Schritte für dich selbst vorzuschlagen:

3. Vergib in Gedanken jedem, von dem du glaubst, dass er oder sie dir Unrecht getan hat. (Wenn du denkst, dass es einige Menschen gibt, denen du dies persönlich sagen solltest, dann tu das.)

4. Bitte in Gedanken die Menschen um Vergebung, denen du in der Vergangenheit Unrecht getan hast, über die du getratscht hast oder mit denen du in einer anderen Disharmonie warst. (Wenn du denkst, dass du sie persönlich darum bitten solltest, dann tu das.)
5. Wenn du dir selbst Versagen, Missetaten oder Fehler vorgeworfen hast – vergib dir.
6. Als Teil deines radikalen Wiedergeburtsprogramms beschließe, dass du für alle Verpflichtungen, die du nicht zurückzahlen kannst, eine alternative Methode finden wirst, um sie anderweitig zu begleichen.

Sobald diese vier Schritte abgeschlossen sind, stirbt das alte Ich ab und du bist frei, dein neues Ich zu erschaffen.

Kapitel 17

Eine Wiedergeburt, die deiner würdig ist

WER IST WIRKLICH arroganter – der Gläubige, der ahnungslos von jeglicher Wissenschaft ist, oder der allwissende Atheist, der Glauben nur mit Zynismus betrachtet? Zweifelsohne handelt es sich hier um ein Unentschieden.

Ich werde oft gefragt, warum ich der organisierten Religion so hart gegenüberstehe. Die meisten Menschen, die mir diese Frage stellen, glauben, dass ich mich auf einem Kreuzzug befinde, um die Welt zum Atheismus zu bekehren. Doch in Wirklichkeit ist das das Letzte, was ich tun möchte. Es gibt viele Menschen, deren Leben und deren Seele auf wundersame Weise durch den Glauben genährt wird, und das ist eine schöne Sache. Vor einigen Jahren besuchte ich einen Heiligabend-Gottesdienst in der Kirche Unity on the Bay in Miami. Die Beleuchtung war ausgeschaltet und das einzige Licht kam von den 800 Kerzen, die wir in der Hand hielten, während wir „Stille Nacht" sangen. Ich erinnere mich, dass ich in diesem Moment dachte: Wenn Religion nur irgendwelches verrückte Zeug ist, das sich die Menschen ausgedacht haben – dann war es ein ziemlich gutes Zeug.

Ich habe oft das Gefühl, dass ich ein viel glücklicherer Mensch wäre, wenn ich öfter weinen könnte. Meine jahrzehntelange Angst, Unsicherheit und Furcht haben einen so tiefen Abwehrmechanismus in mir verankert, dass er mich manchmal daran hindert, die tieferen Ebenen meiner Menschlichkeit zu erreichen. Ich habe nicht die geringste Ahnung, ob Gott existiert. Niemand weiß es. Es ist ein Thema, über das ich oft nachdenke, weil es ein Kriterium meiner Lieblingsfragen erfüllt: Das Infragestellen einer Behauptung, deren Antwort man nicht ohne Weiteres ableiten kann, sodass mein Gehirn zu schmerzen beginnt. Und diese Frage führt dann zu einer weiteren, nicht enden wollenden Reihe von Fragen.

Die rationalen, logischen, analytischen, zwanghaften, süchtig machenden, kontrollierenden Aspekte in mir rebellieren gegen die Vorstellung, meine Macht abzugeben. Ich beschütze und verteidige die Macht, meine Gedanken frei zu wählen und meine Zukunft zu gestalten. Doch in Wahrheit gibt es für jeden von uns Momente, in denen wir gezwungenermaßen unsere Macht abgeben müssen. Viele ehemalige Süchtige bezeichnen den Moment, in dem sie eine größere Macht als sich selbst erkannt haben, als den Wendepunkt ihrer Genesung. Irgendwann müssen wir uns alle für die Ohnmacht entscheiden – unsere eigene Macht freiwillig abgeben – und schluchzend in den Armen einer anderen Person zusammenbrechen und ihr erlauben, für uns kraftvoll zu sein. Vielen Menschen bietet ihre Religion dieses Ventil.

Tragischer Weise habe ich mehr als nur ein paar Freunde, die ihre Kinder zu Grabe getragen haben. Die meisten von ihnen werden durch den Glauben gestärkt, dass es im Himmel einen weiteren Engel gibt, seit ihr geliebter Mensch die Erde verlassen hat. Wenn der Glaube diesen Menschen die Kraft gibt, mit ihrem Leben fortzufahren, warum sollte man dann nicht die innewohnende Schönheit feiern? Mein Kampf ist nicht gegen Gott gerichtet, sondern gegen die Vorgehensweisen organisierter Religionen. Dieser Kampf wird von meinem Wunsch angetrieben, die beiden zerstörerischsten und gefährlichsten Glaubenssätze zu bekämpfen, die viele Religionen verbreiten:

1. Dass du nicht würdig bist, gesund, glücklich und wohlhabend zu sein.
2. Dass dein wirkliches Leben noch nicht begonnen hat und dass du, wenn du dich geduldig durch die Aufwärmphase schleppst, später mit deinem wahren glücklichen Leben belohnt wirst.

Es ist, als würde dir deine Mutter versprechen, dass du einen Nachtisch bekommst, wenn du deinen Brokkoli isst, und dann, nachdem du das Grünzeug hinuntergewürgt hast, feststellst, dass sie gelogen hat. Es gibt Millionen von Menschen, die unbewusst versuchen, etwas hinter sich zu bringen, von dem sie glauben, dass es ein Vorspiel zu ihrem Leben ist. Aber in Wirklichkeit ist es ein Vorspiel zu ihrem Tod. Und es gibt nur weniges, was tragischer ist als ein nicht gelebtes Leben.

Stelle sicher, dass du dein Leben lebst, wirklich lebst – dasjenige, in dem du dich gerade befindest.

Es gibt zufällige Handlungen, aber keine zufälligen Leben. Wie du jetzt weißt, ist dein Leben (ob wir nun über das alte sprechen oder über den Neustart, den du dir wünschst) die Ernte der Gedanken, denen du den Vorrang gibst. Und es sind natürlich die täglichen Handlungen, die aus diesen Gedanken hervorgehen. Auch wenn es für manche Menschen sehr simpel klingen mag, doch die tiefe Wahrheit ist, dass du dein Leben verändern kannst, wenn du deine Gedanken veränderst. Und der letzte und entscheidende Schritt dieser Transformation ist das Loslassen der Opferrolle.

Vor langer Zeit hatte ich die Gelegenheit, mit einem sehr ehrgeizigen und erfolgreichen Ehepaar zu Abend zu essen, das ich sehr bewunderte. Ich war ein echter Fan der beiden und wollte sie mit meiner Arbeitsmoral, meiner Hartnäckigkeit und meinem Wunsch, erfolgreich zu werden, beeindrucken. Ich tat, was ich damals immer tat: Ich erzählte ihnen eine Geschichte nach der anderen über das Trauma, das Drama und die Opferrolle in meinem Leben. Ich beklagte mich über all die faulen, ignoranten Leute in meinem Team, über meine gesundheitlichen Probleme, meine dysfunktionalen Beziehungen und all die anderen unfairen Dinge, mit denen mich das Universum zu dieser Zeit überfiel. Als wir das Restaurant verließen, schaute mich der Ehemann an und fragte leise: „Randy, hast du schon einmal darüber nachgedacht, was du eventuell tust, um all diese schlechten Dinge in dein Leben zu ziehen?"

Wie bitte? Hatte er nichts von dem gehört, was ich ihm gerade gesagt hatte? War er so ahnungslos, dass er nicht verstehen konnte, wie unfair ich vom Leben schikaniert wurde? Oder war er einfach nur ein kaltherziger Mistkerl?

Ich kann mich nicht mehr genau erinnern, was ich zurückgemurmelt habe. Aber ich bin mir ziemlich sicher, dass es ihm verständlich machte, dass ich ihm seinen New-Age-Bullshit nicht abkaufte. Doch seine Frage ließ mich wochenlang mit den Zähnen knirschen. Die schiere Unerklärlichkeit, dass er kein Mitleid mit mir hatte, zwang mich zu einer tiefen Innenschau.

Wenn du deine Selbstforschung betreibst, entstehen in der Regel immer dann die besten Ergebnisse, wenn du dir Fragen zur Selbsterkenntnis stellst. Damit meine ich keine lauwarmen Klischeefragen, sondern eine radikale und intensive Selbstbefragung. Diese Art von Fragen verlagert den Fokus weg von externen und hin zu internen Einflüssen. Ein Fokus, der auf externe Einflüsse gerichtet ist, zielt darauf ab, dass du dich der Verantwortung entziehst, das Opfer spielst und anderen die Schuld gibst. Eine interne Befragung hingegen sorgt für die Situation, in der die Durchbrüche entstehen. Dieser Prozess führte mich zu der wichtigsten Frage, die ich mir je gestellt habe. Als ich über die zahlreichen gesundheitlichen Herausforderungen, mehrere geschäftliche Misserfolge und meine 11 negativen, dysfunktionalen Beziehungen in Folge nachdachte, fragte ich …

Gab es eine Person, die in all diesen Situationen zugegen war?

Die Antwort, die ich erhielt, gefiel mir nicht. Aber sie lieferte mir die Lösung, die mich schließlich befreit hat. Die Erkenntnis, dass ich mein ganzes Leben in einer Opfermentalität geführt hatte, erschuf meinen

Ausweg. Wenn ich jetzt auf dieses gemeinsame Essen zurückblicke, kann ich erkennen, was mich zu diesem Gejammer motivierte: meine inhärente Einstellung als dauerhaftes Opfer. All diese Geschichten über harte Prüfungen und Schwierigkeiten, die ich gewohnheitsmäßig allen Leuten erzählte, waren ein automatisiertes „Auskotzen". Und das tat ich jedes Mal, wenn mir jemand Fragen zu meiner Person stellte. Es war mein verzweifelter, unterbewusster Versuch, mein geringes Selbstwertgefühl aufzublähen und mich würdig zu fühlen.

Doch mit der richtigen Fragestellung sprengst du deine „Geschichte" – die Opfererzählung, die du erschaffen hast, um dich deiner Realität und deiner persönlichen Verantwortung zu entziehen. Sobald du dies verstanden hast, änderst du die Wahrnehmung für dein Leben und siehst dich nicht mehr nur als Empfänger von Almosen, sondern als Mitschöpfer. Statt die Schuld bei anderen Menschen und deinen Lebensumständen zu suchen, richtest du deine Aufmerksamkeit nun auf dein Inneres: Darauf, was du ändern musst, um zu dem Menschen zu werden, der du sein willst, und um das Leben zu führen, das du dir wünschst.

Aber leider wird dich dieser Prozess wahrscheinlich auch zu einem letzten Stolperdraht führen, der deinen Weg quert …

Denn wenn du dich entscheidest, kein Opfer mehr zu sein, wird dein „inneres Opfer" wie wild ums Überleben kämpfen. Um auch diesen Teil der alten Version deines Ichs wirklich abzutöten, musst du den Gewinn aufdecken, den du aus der Opferrolle ziehst.

Nur sehr wenige Menschen besitzen die Selbsterkenntnis, ihre Umstände objektiv zu betrachten. Die meisten glauben, dass sie unschuldige Opfer sind. Sie kämen nie auf die Idee, die Dinge zu analysieren, die sie eventuell tun, um zu dieser Situation beizutragen – und die emotionale Belohnung zu erkennen, die sie aus dieser Situation ziehen. Auf der höchsten Ebene besteht alles im Universum (dich und mich eingeschlossen) aus purer Schwingungsenergie. Und Energie kann angezogen oder abgestoßen werden. Wir alle kennen bestimmte Menschen, die Opferenergie geradezu wie ein Magnet anziehen. Das ist simple Physik ...

Wenn das Opfer bereit ist, wird die Krise erscheinen ...

Du magst dich vielleicht fragen, wie ich mir da so sicher sein kann, wo ich doch keine physikalisch-wissenschaftliche Ausbildung habe. Die Antwort lautet: Weil ich keine brauche. Stattdessen habe ich einen Doktortitel in Opferhaltung erworben. Tatsächlich habe ich meine ersten 30 Lebensjahre damit verbracht, ein Unglück nach dem anderen in mein Leben zu ziehen.

Ich war ein emotionaler Krüppel, unfähig, Liebe zu akzeptieren, also ersetzte ich Liebe durch Aufmerksamkeitssucht und Mitleidsheischerei. Ich will dich nicht mit allen Einzelheiten langweilen, aber die Quintessenz war einfach, dass ich Katastrophen, Unglücksfälle, Ungerechtigkeiten, Krankheiten, Unfälle und allerlei anderes Unglück anlockte, weil es eine emotionale Belohnung bot. Und je mehr Misserfolge, Dramen und Hindernisse ich erlebte (genauer gesagt: „erschuf") – desto mehr Aufmerksamkeit und Mitgefühl erhielt ich. Dies erzeugte eine Rückkopplungsschleife von Drama, Trauma und Dysfunktion.

Genau das ist die Macht, die in der dunklen Seite der Opferrolle steckt …

Du denkst zwar, dass du zum Opfer wirst (und manchmal bist du es sogar), aber gleichzeitig erhältst du auch Belohnungen, die dir wertvoller scheinen als der Preis, den du für deinen Opferstatus bezahlst. Auf einer unterbewussten Ebene übernimmst du also Verhaltensweisen, die immer wieder Chaos und Unglück in dein Leben ziehen. Und somit dreht es sich dann spiralförmig abwärts, bis zum Punkt der völligen Verzweiflung. Und nun bist du gezwungen, die Wahl zu treffen, ob du ein Opfer oder ein Sieger sein willst. Leider entscheiden sich zu viele Menschen für die Opferrolle. Die Ergebnisse sind immer hässlich und enden gewöhnlich in Sucht, Missbrauch, Selbstmord oder anderweitig verursachtem Tod. Die Opfer jagen dieser emotionalen Belohnung in ständiger Steigerung nach, bis sie eine Überdosis erwischen und es für sie keine Belohnung mehr gibt.

Wenn du ein Opfer bist, magst du dich vielleicht edel oder spirituell fühlen – der kleine Kerl oder das kleine Mädchen, der/die gegen die Mächte des Bösen kämpft. Oder man kann, wie ich, verzweifelt nach Aufmerksamkeit und Mitgefühl lechzen und gleichzeitig unter der ständigen Angst leben, beides zu verlieren. Doch was du als Belohnung für deine Opferrolle wahrnimmst, ist nicht real. Diese Belohnungen sind eine selbstgeschaffene Gefängniszelle. Wie das abläuft? Lass mich dir die Möglichkeiten aufzählen:

- Streit mit dem Ehepartner anzetteln, um Dramen zu erzeugen
- Essen, Alkohol oder anderes zur Selbstbetäubung missbrauchen
- Niedrigere Löhne oder ausbeuterische Arbeitssituationen akzeptieren
- Sich mit negativen, dysfunktionalen Beziehungen zufrieden geben
- Täglich fünf Stunden vor dem Fernseher oder mit Fortnite verbringen
- Lukrativen Möglichkeiten aus dem Weg gehen

... sowie buchstäblich Hunderte anderer Szenarien. Man kann von den Belohnungen, die es mit sich bringt, ein Opfer zu sein, ziemlich high werden. Doch es gibt ein viel besseres High ...

Ein Sieger zu sein.

Man erschafft sich nicht neu und lebt ein Leben in Wohlstand, ohne sich Herausforderungen zu stellen. Du erschaffst ein erfolgreiches Leben, indem du dich entscheidest, eine Folge stetig eskalierender Herausforderungen zu akzeptieren. Und indem du anschließend die schwierige Arbeit von Versuch und Irrtum, Wachstum und Selbstentwicklung leistest, um diese Herausforderungen zu überwinden.

Bisher hat sich unsere Diskussion mit dem Denkprozess beschäftigt: mit den Gedanken, von denen du dich hast beeinflussen lassen (ob bewusst oder unbewusst), mit den Überzeugungen, die sie bei dir ausgelöst haben und dann mit den Ergebnissen, die durch das Festhalten an diesen Überzeugungen entstanden sind. Diese Selbstbeobachtung und das begleitende kritische Denken sind eine wichtige

Arbeit – denn sie machen es für dich möglich, dir des Prozesses bewusst zu werden und ihn dann achtsam in eine positive Richtung zu lenken. Dies ist die Methode, die eine radikale Wiedergeburt erschafft. Diese Wiedergeburt wird dich mit einigen zentralen, existenziellen Fragen konfrontieren.

Die bedeutenden Fragen an diesem Punkt deiner Reise lauten:

- Wie würde ein durchschnittlicher Tag in deinem neuen Leben aussehen?
- Welche Ziele würden dich dazu veranlassen, jeden Morgen die Bettdecke von dir zu werfen und aus dem Bett in den Tag hineinzuspringen? Und das Wichtigste:
- Wer willst du werden?

Die Ziele, die du dir selbst setzt, werden zu wesentlichen Bausteinen für die ultimative Vision, die du für deine radikale Wiedergeburt entwirfst. Und vielleicht lassen sich sowohl die Gefahren als auch das Potenzial des richtigen Ziels durch Ted Kaczynski, auch bekannt als der Unabomber, demonstrieren. Die meisten Menschen kennen ihn nur als den Verrückten, der in der Wildnis lebte und Rohrbomben an Professoren und Ingenieure verschickte. Um die Menschheit in einem vergeblichen Versuch dazu zu bringen, Technologien zu zerstören und noch einmal von vorne anzufangen. Würde es dich überraschen, wenn du erfährst, dass Kaczynski ein Wunderkind war, das man mit nur 16 Jahren in der Harvard-University aufnahm? Und der dort später promovierte und selbst Professor wurde? Nachdem ein von ihm verfasstes Manifest auf Bitten des FBI von einigen großen Zeitungen veröffentlicht worden war, wurde er schließlich gefasst. Man konnte erwarten, dass sein Manifest verrückt sein würde, und in erster Linie war es das auch.

Doch dieses Manifest zeigte auch seine Fähigkeit zum kritischen Denken und enthielt einige faszinierende Ideen. Kaczynski erklärte, dass Menschen, um wirklich glücklich zu sein, eine Herausforderung brauchen – insbesondere Ziele, die ernsthafte Anstrengungen erfordern. In seinem Manifest teilte er Ziele in drei Bereiche ein:

- Leicht zu erreichende Ziele
- Schwierige, herausfordernde Ziele
- Unmögliche Ziele, die nie erreicht werden können

Das übergeordnete Thema seines Manifests war, dass die härtesten Ziele – die schwierigen Probleme, die die Welt zu lösen hatte – bereits erreicht waren. Die einzigen Ziele, die noch zur Wahl stünden, seien die leicht zu erreichenden und die unmöglich zu erreichenden. In seinen Augen gab es also keinen wirklichen Sinn und keine Erfüllung im Leben. Und somit keinen Grund, weiterzumachen.

Ich stimme nicht mit Kaczynskis Schlussfolgerung überein, dass alle schwierigen, aber möglichen Ziele für die Welt bereits erreicht wurden. Aber ich denke, dass sich viele Menschen in einer ähnlichen Lage befinden wie er. Besonders in Bezug auf ihre Ziele und den Sinn in ihrem persönlichen Leben. Sie glauben, dass die interessanten Ziele, die in ihrem eigenen Leben noch übrig sind, für sie unmöglich zu erreichen sind, also haben sie ihre Träume aufgegeben. Sie glauben, dass sie es niemals schaffen werden, körperlich in Form zu kommen, die wahre Liebe zu finden, wohlhabend zu werden usw. Weil sie dann keine Durchbrüche erfahren, hören sie auf, ihr Leben zu erleben. Und haben sich darauf beschränkt, einfach nur noch zu existieren. (Oder die Gläubigen unter ihnen haben für sich beschlossen, dass dieses Leben keine Rolle spielt, weil ihr wahres Leben ihr Leben nach dem Tod sein wird.)

Die Zahl der Menschen, die an Depressionen leiden, ist unvorstellbar hoch, und die Selbstmordrate ist mehr als alarmierend. Milliarden versorgen sich mit einer Selbstmedikation in Form von Drogen, Alkohol, Essen, Tik-Tok und Netflix. Aber diese Verhaltensweisen sind nur Ablenkungen, die uns davon abhalten, unsere wahren Antworten zu suchen. Ich glaube, dass ein wichtiger Teil der Lösung darin besteht, dass Menschen nach Herausforderungen suchen, die ihrer würdig sind. Jemand, der von einem herausfordernden Projekt begeistert ist, hat keine Zeit für oder Neigungen zu Depressionen. Es sind diejenigen Menschen, die im Büro ständig den Kopf hängen lassen und das Ende der Woche bis Freitag abwarten, unter denen sich die wahrscheinlichsten Kandidaten für Depressionen, Ausflüchte oder Selbstmorde befinden. Wenn du von dir glaubst, dass deine besten Jahre bereits hinter dir liegen, ist es schwierig, dass du dein Leben für sehr sinnvoll hältst. Ich habe im Laufe der Jahre oft meinen eigenen zermürbenden Krieg gegen Depressionen geführt. Aber das war nie der Fall, wenn ich ein neues Projekt gestartet oder das nächste Buch geschrieben habe, von dem ich kaum erwarten konnte, es mit dir zu teilen.

Es ist unbestritten, dass die Vorgehensweise von Kaczynski grauenhaft war. Aber seine Ideen über

Ziele und Herausforderungen sind es wert, darüber nachzudenken. Wie sieht derzeit deine gedankliche Standardeinstellung auf deinem Lebensweg aus? Siehst du deine besten Jahre und Errungenschaften bereits hinter oder noch vor dir? Bist du ständig auf der Suche nach neuen Herausforderungen? Und sind diese Herausforderungen deiner würdig?

Wenn du die Kriterien für die Ziele, Träume und, ja, auch für die Herausforderungen deiner radikalen Wiedergeburt aufstellst, achte darauf, wie motivierend sie für dich sein werden. Manche Ziele sind ehrgeizig und/oder inspirierend. Doch während Inspiration durch einen äußeren Einfluss erzeugt werden kann, muss Motivation von innen heraus entwickelt werden. Motivation ist das, was dich zum Handeln veranlasst. Und damit ein Ziel interne Motivation erzeugt (und somit dein Verhalten ändert), muss es die folgenden zwei Kriterien erfüllen:

- Es muss in erkennbarer Reichweite liegen, damit du daran glaubst, es erreichen zu können.
- Es muss so spannend und interessant sein, damit es dich zu den Aktivitäten motiviert, die notwendig sind, um es zu erreichen.

Wenn Du in einem Ausbeuterbetrieb in Asien zwei Dollar am Tag verdienst und dir das Ziel setzt, im nächsten Monat Millionär zu sein, wird dein Unterbewusstsein wahrscheinlich nicht an dieses Ergebnis glauben und dich auch nicht zum Handeln bewegen. Umgekehrt wird es, wenn du in einem asiatischen Ausbeuterbetrieb zwei Dollar pro Tag verdienst und dir zum Ziel setzt, im nächsten Jahr vier Cent mehr pro Tag zu verdienen, wahrscheinlich nicht interessant genug sein, um dich zu außergewöhnlichen Aktivitäten anzutreiben.

Um eine radikale Wiedergeburt zu schaffen, braucht man kühne, gewagte und abenteuerliche Ziele. Die Anziehungskraft dieser Ziele zieht dich zu ihnen hin und zwingt dich gleichzeitig, zu wachsen. Hierdurch beginnt eine fortlaufende Sequenz von Wachstum und Weiterentwicklung. Dann sind deine nächsten Ziele erneut höhergesteckt und du entwickelst dich noch weiter. Wodurch ein endloser Fortschritt entsteht, der dich dazu führt, zur höchstmöglichen Version deiner selbst zu werden. Hierin liegt der Zauber, denn wenn du dir Ziele setzt, die deiner würdig sind, entsteht hierdurch ein neues Leben, das deiner selbst würdig ist. Wende dieses Prinzip auch auf die Vision für deine radikale Wiedergeburt an. Du musst den Grat zwischen einem Ergebnis, das verlockend genug ist, um dich dorthin zu ziehen, und dem Glauben, dass du es erreichen kannst, beschreiten.

Wenn dein neues Leben nicht kühn, wagemutig und ein wenig beängstigend ist – was hat es dann für einen Sinn, es zu erschaffen?

Kennst du das Leben, das du dir vorstellst, wenn du aus dem Fenster schaust? Lebe dieses Leben! Hier ist eine lustige Geschichte: Ich hielt ein Seminar in Panama und mein Freund Erick Gamio saß im Publikum. Seine Schwiegermutter, die zufällig Psychologin ist, war bei ihm. Etwa nach der Hälfte meines Programms fragte sie ihn, warum er ihr nicht gesagt habe, dass ich ebenfalls Psychologe sei. Er versicherte ihr, dass ich kein Psychologe, Psychiater oder irgendetwas in der Art sei. Als das Gespräch weiterging, bestand sie darauf, dass er sich irren müsse, weil die Informationen, die ich über menschliches Verhalten und Motivation weitergab, nur einem Top-Psychologen bekannt sein könnten. Sie war verblüfft, als er ihr sagte, dass ich kein Psychologe, sondern ein Schulabbrecher sei.

Als Erick mir die Geschichte später erzählte, konnte ich nur lachen, denn das ist eine häufige Reaktion, die ich bei Fachleuten für psychische Gesundheit erlebe. Ich weiß mehr über menschliches Verhalten – was uns menschliche Wesen zu unseren Reaktionen veranlasst und warum wir so reagieren – als so manch anderer Psychologe auf dieser Welt. Erlaube mir, das zu erklären ...

Die ersten Jahrzehnte meines Lebens verbrachte ich als neurotischer, ängstlicher und unsicherer Bursche, der sich vor jedem Menschen in seiner Umgebung fürchtete. Ich ließ jeden Satz, den ich von mir geben wollte, in meinem Kopf eine Vorabprüfung durchlaufen und versuchte, vorherzusagen, ob meine Aussage jemanden beleidigen oder mich der Lächerlichkeit preisgeben würde. Ich baute eine Mauer auf, um mich emotional zu schützen, und war wie versteinert, wenn ich neue Leute traf oder zu Veranstaltungen ging, bei denen ich nicht schon jeden der Anwesenden kannte. Ich verlangsamte sogar meinen Schritt, um Aufzüge mit Leuten darin losfahren zu lassen, damit ich mir keine Sorgen machen musste, Smalltalk in der Kabine halten zu müssen. Wenn man so unsicher ist, studiert man ständig die Verhaltensweisen aller anderen Leute in seinem Umfeld und fragt sich, wie man sich verhalten soll, damit sie einen mögen.

Für einen Süchtigen dreht sich das Leben ständig darum, Menschen zu belügen, zu täuschen und zu manipulieren. Vielleicht muss man sich Geld für den nächsten Schuss leihen oder braucht eine Ausrede, um zu vertuschen, warum man nicht zur Arbeit kommen kann. Ich habe in vielen Drogenhöhlen in den Vierteln namens Liberty City, Overtown und National City mit Drogen gedealt. Wenn man es mit schwerbewaffneten Drogenhändlern, Straßenkriminellen und Gangmitgliedern zu tun hat, wird man entweder ein Experte darin, Menschen zu lesen, oder man wird zum Hauptdarsteller in der nächsten Tatort-Ermittlung.

Später nahm ich all meine Fähigkeiten und Erfahrungen – vom Dealen mit Drogen, Hehlereien, Lügen, Betrügen, Stehlen und Manipulieren – und setzte sie als Vermarkter ein. Ich baute Teams mit Zehntausenden von Menschen für Direktvertriebsfirmen auf, wurde ein erfolgreicher Werbetexter und Internet-Marketer. Glücklicherweise war meine Motivation deutlich ehrenhafter geworden und auch meine Moral hatte sich zum Positiven entwickelt. Aber die eine Konstante, die sich durch meine beiden Welten zog – gut gegen böse, legal gegen illegal – war meine Fähigkeit, die menschliche Natur einzuschätzen. Wenn dir jemals widersprüchliche Theorien über menschliches Verhalten vorgelegt werden und du dich zwischen mir oder 27 Doppelblindstudien mit 20 Millionen Menschen entscheiden musst, die von den Psychologieabteilungen der Stanford-, UC-Berkeley- und Harvard-Universität durchgeführt wurden … dann solltest du dein Geld besser auf die Erfahrungen eines Lebens auf der Straße setzen.

Ich erzähle dir das alles nicht, um meinen Ruf aufzupolieren. Dieses Leben liegt lange hinter mir und bei den meisten dieser Dinge schäme ich mich, sie zuzugeben. Ich erzähle sie dir in der Hoffnung, dass du den Wert dessen verstehst, was ich dir als Nächstes sagen werde. Es ist die einzige und aufschlussreichste Lektion, die du jemals über ein erfolgreiches Leben lernen wirst. Es ist folgende ...

Du manifestierst nicht den Wohlstand, den du verdient hast. Du manifestierst genau den Wohlstand, den du verdient zu haben glaubst.

Nicht mehr. Und nicht weniger. Genau in der Höhe, wie du glaubst, es verdient zu haben. Deshalb ist deine Denkweise so wichtig. Deshalb musst du dein Unterbewusstsein kontrollieren, deine Programmierung in die eigene Hand nehmen und daran arbeiten, dein Selbstwertgefühl kontinuierlich zu fördern. Denn jeden Tag in deinem Leben musst du aufwachen und dir unterbewusst die folgende Frage beantworten:

Wie viel Freude, Glück und Wohlstand kann ich heute wohl ertragen?

Es bringt dich nicht weiter, wenn du zaghaft bist, wenn du zu kleine Träume hast oder dich mit Mittelmäßigkeit zufriedengibst. Denn du entscheidest dich dafür, eine radikale Wiedergeburt zu erschaffen – ein Leben auszutragen und zu gebären, das dem einzigartigen, kraftvollen und schönen Wesen, das in dir steckt, würdig ist – und dem du zu werden bestimmt bist.

Lebe deine Wahrheit, nicht die eines anderen. Wenn du dich auf den Weg zu deiner radikalen Wiedergeburt machst, wirst du auf einen Sturm der Ewigkeit treffen. Sowohl die Menschen, die sich um dich sorgen und das Beste für dich wollen – als auch die Menschen, die eifersüchtig auf dich sind und dein Schlimmstes wollen – werden sich in einer Sache einig sein: Dass das, was du versuchst, riskant ist. Vielleicht töricht, vielleicht sogar gefährlich. Sie werden dich warnen und sagen, dass sie dich vor dir selbst schützen wollen. Es ist sehr wahrscheinlich, dass du von vielen Leuten gewarnt wirst: „Achte auf den Sturm."

Wenn sie das tun, reiche ihnen die Hand und nimm ihre Hände in die deinen. Halte sie in Licht und Liebe. Schaue dann tief in ihre Augen und sage:

„Ich bin der verdammte Sturm."

Danksagung und Anerkennung

IN **KEINER BESTIMMTEN** Reihenfolge geht mein Dank an …

Prince, Alicia Keys, Jonny Lang, Camila Cabello, Jimmy Buffet und Coldplay, den Künstlern, deren Arbeit den Soundtrack zu meinem Leben lieferte. Oder zumindest zu dem Teil davon, den ich mit dem Entstehen dieses Buches verbracht habe.

Steven Pressfield, Ocean Vuong, Harry Chapin, Andrew Sullivan und Trevanian, die Schriftsteller, die mich mit ihrer Genialität einschüchtern. Wenn ich meine eigene Prosa durchlese, bringt ihr mich beinahe dazu, alles Selbstgeschriebene zu löschen, weil es mir wie Müll erscheint. Aber eure Arbeit inspiriert einen solchen Wunsch danach, Neues zu schaffen, dass ich es doch nicht tue.

Bob Burg, Bob Negen, Art Jonak und Jaime Lokier dafür, dass sie dieses Buch schon früh im Manuskriptstadium gelesen haben. Ihre weisen Ratschläge und Anregungen haben dieses Buch zu einer besseren Ressource für dich werden lassen.

Alan Weiss, der das Manuskript las und sich weigerte, es zu empfehlen. Er war der Meinung, es enthalte blinden Hass, ungezügelte Feindseligkeit gegenüber

Religionen und verunglimpfe gläubige Menschen. Das war wirklich nicht meine Absicht und Alan hatte recht. Hoffentlich hat sein Beitrag den Inhalt des Buches von verurteilend und herablassend zu lediglich unausstehlich und bedrohlich verbessert.

Vicki McCown, die mit der Präzision einer Gehirnchirurgin, der Klinge eines Ninja, der Weisheit einer Göttin und dem Herzen eines Engels redigiert.

Ford Saeks, Amanda Martin und dem Crack-Kommando-Team von Prime Concepts Publishing dafür, dass sie dieses Buch in die freie Wildbahn gebracht haben.

Christopher Hitchens, David Bowie, H. Emilie Cady, Richard Dawkins, Marc Andreessen, Jeff Bezos, Naval Ravikant und Bruce Lee – dafür, dass sie die Denker der Gedanken sind, die mich über meine eigenen Gedanken nachdenken lassen.